心理健康手边书

今天你抑郁吗

27个真实案例来帮你

陈玄玄　杨道良　胡姗姗 ◎ 主编

上海科学技术文献出版社
Shanghai Scientific and Technological Literature Press

图书在版编目（CIP）数据

今天你抑郁吗：27个真实案例来帮你 / 陈玄玄，杨道良，胡姗姗主编. —上海：上海科学技术文献出版社，2023
ISBN 978-7-5439-8710-4

Ⅰ.①今… Ⅱ.①陈…②杨…③胡… Ⅲ.①抑郁—心理调节—通俗读物 Ⅳ.① B842.6-49

中国版本图书馆CIP数据核字（2022）第213575号

策划编辑：张　树
责任编辑：王　珺
封面设计：留白文化

今天你抑郁吗：27个真实案例来帮你
JINTIAN NI YIYU MA: 27GE ZHENSHI ANLI LAI BANGNI
陈玄玄　杨道良　胡姗姗　主编
出版发行：上海科学技术文献出版社
地　　址：上海市长乐路746号
邮政编码：200040
经　　销：全国新华书店
印　　刷：商务印书馆上海印刷有限公司
开　　本：787mm×1092mm　1/32
印　　张：7.5
字　　数：142 000
版　　次：2023年3月第1版　2023年3月第1次印刷
书　　号：ISBN 978-7-5439-8710-4
定　　价：35.00元
http://www.sstlp.com

编委会

主　编：陈玄玄（上海市长宁区精神卫生中心）

　　　　杨道良（上海市长宁区周家桥街道社区卫生服务中心）

　　　　胡姗姗（上海市健康医学院）

副主编：张　郦（上海市长宁区精神卫生中心）

　　　　孙祝平（上海市长宁区精神卫生中心）

　　　　陈龙云（上海市长宁区精神卫生中心）

编　委：石松林（上海市长宁区精神卫生中心）

　　　　朱月莲（上海市长宁区周家桥街道社区卫生服务中心）

　　　　刘文霞（上海市长宁区精神卫生中心）

　　　　刘璨璨（上海市长宁区精神卫生中心）

　　　　李欣馨（上海市长宁区精神卫生中心）

　　　　轩红艳（上海市长宁区精神卫生中心）

　　　　余小燕（上海市长宁区精神卫生中心）

　　　　张　晴（上海市长宁区精神卫生中心）

　　　　陆啸风（上海市长宁区精神卫生中心）

　　　　赵姗姗（上海市长宁区精神卫生中心）

　　　　薛连学（上海市长宁区精神卫生中心）

序 言
PREFACE

当今社会，经济高速发展，社会资源、物质资源不断丰富，人们的生活水平得到显著提高，但随之而来的职场激烈竞争，工作、生活、学习压力陡增，人际关系的日益紧张，各种心理问题急剧增加，抑郁症的发病率也呈显著上升趋势，遍布各个年龄段。据世界卫生组织（WHO）统计，目前全球约有3.5亿抑郁症患者，大多数国家的年患病率超过5%，给家庭和社会造成了沉重的负担。

抑郁症是一种高患病率、高复发率、高致残率、高自杀率的疾病，以显著而持久的情绪低落为主要临床特征。目前发病机制尚不明确，可以肯定的是，抑郁症是由生物、心理、社会环境等诸多方面的因素造成。抑郁症最严重的后果是引起自杀，在重性抑郁症患者的一生中25%的人有过自杀未遂，15%的人最终死于自杀。

随着医学健康知识不断普及，"抑郁症"这个名词已被人们广泛知晓，很多人在心情不好的时候都会说"我抑郁了"，但由于大众对抑郁症认识不足，很多人对抑郁症抱有偏见，怕自己被打上"精神病"的标签，拒绝去医疗机构就诊，所以导致临床上抑郁症患者的就诊率不高。据世界卫生组织（WHO）统计，全球只有不足一半的患者（在许多国家中仅有不到10%的患者）接受了有效治疗。在我国，有关调查表明，抑郁症在人群中的患病率约为3%，但只有约1/4的患者能接受正规治疗，大部分抑郁症患者得不到治疗，病情迁延反复，社会功能受损，家庭和社会负担增大。

人生是一场修行，每个人都在岁月的"夹缝"里负重前行，在前行的过程中有"风和日丽"，也会遭遇"狂风骤雨"，随之出现各种情绪，其中抑郁情绪是一种再正常不过的负面情绪。本书从生命周期的角度出发，探讨个体从儿童期到老年期各个阶段遭到抑郁情绪侵袭的原因、抑郁的特点及干预的方法，让大众对抑郁情绪和抑郁症有所了解，并有正确的认识，学会面对自己或身边人的抑郁情绪，在需要时及时寻求专业治疗，帮助自己或身边人早日摆脱抑郁这条"黑狗"的困扰。

目　录
CATALOGUE

序　言　1

第一章：童年情绪之殇　1
第一节：遗传及环境因素对儿童抑郁情绪的影响　2
第二节：原生家庭与抑郁情绪　9
第三节：留守儿童之"沉默的渴望"　17
第四节："黏宝宝"的分离性焦虑　25
第五节：隔代教育与儿童心理问题　34

第二章：青少年常见的抑郁情绪　39
第一节：我的青春谁做主——叛逆心理及情绪变化　40
第二节：网络成瘾与情绪问题　50
第三节：灰色角落——校园欺凌与抑郁情绪　59
第四节：望子成龙之殇——学业压力与抑郁情绪　70
第五节：家庭之殇——父母教养方式与抑郁情绪　77
第六节：病耻感所致抑郁情绪　86

第三章：成人常见的抑郁情绪　97
第一节：生理期"怪病"　98
第二节：持续性抑郁情绪　106

第三节：物质/药物所致抑郁情绪　114

第四节：躯体疾病所致的抑郁情绪　121

第五节：人际关系所致抑郁情绪　129

第六节：围产期抑郁情绪　137

第四章：更年期的抑郁情绪　145

第一节：女性更年期的心理保健　146

第二节：越辉煌越失落——退休后抑郁　155

第三节：空巢生活易"空心"　162

第五章：老年期抑郁情绪　167

第一节：认知功能下降引起的抑郁情绪　168

第二节：慢性躯体疾病引发的抑郁情绪　176

第三节："老漂族"的情绪状况　183

第四节：丧偶老人的悲伤　192

第六章：抑郁发作　197

第一节：抑郁发作　198

第二节：复发性抑郁　206

第三节：双相情感障碍　216

第四节：隐匿性抑郁　223

后　记：230

第一章

童年情绪之殇

TONGNIAN QINGXU ZHISHANG

第一节
遗传及环境因素对儿童抑郁情绪的影响

遗传自杀的"魔咒"

两只纤细白皙的手腕满布刀疤伤痕,难以置信这是一位20出头年轻女孩的手腕。拥有花一般的年纪的楠楠,本该过着无忧无虑的幸福生活,但她却已经有了多次自残和自杀经历,此次就诊就是想摆脱"遗传自杀的魔咒"!

从楠楠的叙述中,我了解到楠楠的外婆因外公去世后太过悲痛,不久后选择了上吊自杀,而这一幕恰巧被楠楠的妈妈目睹。楠楠妈妈因楠楠爸爸婚后有了外遇而逐渐出现情绪抑郁,多次采取喝药、割腕等自杀方式,虽从未成功,但她的情绪越来越差。年幼的楠楠生活在父母争吵,妈妈自残、自杀的"阴影"中。在她5年级时,父母离异了,但他们都不愿意抚养她。受到刺激的楠楠期末考试考砸了,认为自己人生没救的楠楠写下遗书，准备割腕自杀，好在被妈妈及时发现救下。16岁时，父亲把她送出国读书，在异国的日子让楠楠倍感孤独；21岁，她恋爱了，谈了个大8岁的男朋友，没想到男友后来嫌弃她不漂亮又分手了。从此楠楠开始翘课，整夜整夜失眠，这种状态持续了半年。后来楠楠终于毕业回国了，但是心情仍是不好，经常失眠，又开始自残，拿刀片划自己的手，有时觉得活着没意思，经常有自杀的念头。

案例中的外婆、妈妈和楠楠的自残和自杀都与抑郁有关，她们祖孙三代好似陷入了遗传的厄运，难道抑郁是她们与生俱来的天性吗？天真无邪的孩子应该是快乐的小天使，但楠楠5年级时，就出现了自杀行为，幼小的楠楠为什么会想要自杀呢？难道真的是遗传导致的吗？其实不然！现代医学研究认为，因遗传因素导致抑郁的发生只占一小部分，环境因素及个体生活经历起着重要作用。

案例中的楠楠也是这样，她的抑郁不只有遗传的因素，环境及自小的生活经历则是造成她抑郁的主要原因。父母的吵架，父亲整日的不着家，母亲情绪的抑郁让年幼的楠楠从小缺乏父母的关爱。在多次目睹母亲自残、自杀后，楠楠整日生活在害怕、恐惧之中；父母离异后都把她视为累赘，又造成了她自卑、自我评价低，容易把所有的不幸归咎于自己不够好、不讨人喜欢，认为自己没有价值等。这些环境因素日积月累，从量变产生质变导致楠楠出现抑郁、消极自杀的症状。

遗传和环境因素与儿童抑郁

从19世纪开始,心理学从哲学中分化出来,此后众多学者开始探索人类的心理发展过程。在儿童心理学史上,心理发展"遗传决定论"与"环境决定论"的争议一直都在。"遗传论者"认为,儿童的发展是由遗传决定的。英国科学家弗朗西斯·高尔顿(Francis Galton)爵士,曾用家谱法来研究天才遗传的问题,他得出的结论是,名人的亲族易成名人,这便足以证明血统有力地影响着个人的发展,也就是说,天才基本上是遗传的。

"环境论者"持相反的论点。在他们看来,遗传只是给予了某种可能性,唯有环境和训练才能决定其发展的结果。有的甚至认为环境决定一切,根本否认遗传因素。行为主义的创始人华生(John Broadus Watson)曾断言:"给我一打健全的婴儿,我可以保证,在其中随机选出一个,训练成为我所选定的任何类型的人物——医生、律师、艺术家、富商,或者乞丐、窃贼,不用考虑他的天赋、倾向、能力、祖先的职业与种族。"

科学研究发现,遗传和环境因素并不能单一地影响个体的情绪和行为,遗传对个体的情绪及行为有着重要的影响,而环境塑造情绪与行为,并为其健康发展提供必要的条件。有的学者将遗传比作种子,把环境比作土壤,有土壤无种子固然长不出植物来，有种子而无土壤也不可能发育成长。所以，儿童的情绪和行为模式是由遗传与环境（包括教育与文化等）因素交互作用和共同决定的。

不仅如此，遗传和环境因素对很多精神疾病（如：精神分裂症，抑郁症，双相情感障碍等）的发生和发展也起着巨大的推动作用。科学研究发现，抑郁障碍的遗传度为31%—42%，抑郁障碍的亲属，特别是一级亲属罹患抑郁症的概率高出普通人群2—4倍。但是，单一的遗传因素无法解释抑郁障碍的病因，就像预测天气一样，我们不知道哪片云彩底下有雨；环境因素（如童年丧亲、挫折体验等）也会增加抑郁障碍的发病率。也就是说，父母有抑郁症，子女不一定会得抑郁症，父母是健康人，子女也有可能会得抑郁症。

儿童抑郁障碍

随着我国社会经济的发展，儿童青少年家庭环境的改变，学业压力的增大，儿童抑郁障碍的发病率越来越高。研究显示，中国大约有37%的儿童青少年学生伴有不同程度的心理问题；国内流行病学调查研究发现10—12岁儿童抑郁障碍的患病率为3.1%。抑郁障碍也是导致儿童自杀的主要因素。一项对1393名11—18岁青少年的调查研究发现，自杀观念的发生率高达23.5%，自杀未遂发生率2.6%，其中33.3%为多次自杀未遂。和成年人相比,儿童自我意识尚未完全形成,对自身情绪的识别和表达不如成年人,所以儿童抑郁障碍容易被家长和老师忽视,因此,我们更应该重视儿童抑郁障碍的早期识别和防治。

1. 儿童抑郁障碍的特点:

(1)情感症状:表现为情绪低落,没有愉快感,爱哭闹,易激惹,爱发脾气,失去往日的兴趣和欢乐,言语活动减少,常感"无意思""没劲""精力不足",高兴不起来。自我评价低,自卑及无助感强:认为自己脑子笨,事事不如人。将所有的过错归咎于自己,自责自残,孤僻,行为退缩,甚至出现"不如死了好""想死"的念头。

(2)思维、言语症状:思维速度迟缓,反应迟钝,思路闭塞;语速明显减慢,主动言语减少,自觉"脑子好像是生了锈的机器""脑子像涂了一层糨糊一样开不动了";感到脑子不够用,学习能力下降。

(3)行为症状:表现行为冲动、多动,注意力不集中,不愿上学,厌学、逃学,不守纪律,反抗,与同学及家长争吵,关系不良,学习成绩下降,存在自伤、自杀的行为。

(4)躯体症状:睡眠障碍、食欲减退、体重下降或头昏、头痛、疲乏无力、胸闷、气促、胸痛等各种躯体不适。

解"郁"出路

儿童抑郁障碍的治疗，主要包括心理治疗和药物治疗。

1. 心理治疗：心理治疗常用于轻度抑郁障碍的治疗，常用的心理治疗方法包括：支持性心理治疗、行为矫正治疗、认知行为治疗、游戏疗法和家庭治疗等。支持性心理治疗使用较普遍，治疗前要熟知患儿的情况，并建立起信任关系，对患儿所表现的困惑、疑虑、恐惧不安、发脾气、冲动和痛苦给予充分的尊重、理解、同情，在此基础上劝导、鼓励、反复保证以减轻患儿的怀疑、恐怖、焦虑紧张和不安。行为疗法以"刺激——反应"的学习过程来解释行为，并可使行为朝预期的方向转变或恢复到原来的正常行为。

认知行为治疗（Cognitive-behavioral therapy，CBT）对轻中度抑郁症疗效确切，明显优于安慰剂，且疗效持久。家庭治疗是以患儿和家庭成员共同作为治疗的对象。情绪与行为模式既与先天遗传因素有关，同时也受后天周围环境的影响，若儿童既接受父母或祖辈的遗传素质，又在后天受到他们行为模式的影响，那么仅依靠一时的药物治疗是难以痊愈的。另外，家庭成员间的关系、养育的态度及家庭出现的种种问题都可能成为影响治疗的因素。在心理治疗的过程中，临床各科医生应学会认真倾听，建立良好的医患关系，提高患儿对医生的信任，从而提高患者对治疗的依从性。

2. 药物治疗：对于重度抑郁障碍的患儿可采用心理治疗联合药物治疗的模式。目前国际上并无专供儿童使用的抗抑郁药，儿童青少年抑郁障碍的治疗药物品种与成人基本相同。然而，由于儿童青少年正处于生长发育的特殊阶段，其神经递质系统尚未发育成熟，尤其是去甲肾上腺素和血清素递质系统，因此儿童青少年对抗抑郁药的反应与成人有所不同，某些用于成人的抗抑郁药并不适用于儿童青少年抑郁症的治疗。目前，推荐用于儿童青少年抑郁障碍的抗抑郁药主要包括选择性5-羟色胺再摄取抑制剂（SSRIs）（帕罗西汀禁用于儿童青少年抑郁症）及米氮平。儿童抗抑郁药的使用要从低剂量开始，逐渐增量至治疗剂量。

第二节
原生家庭与抑郁情绪

被家"吞噬"的人

不知道大家有没有看过台湾剧——《茉莉的最后一天》？剧中讲述的是从小品学兼优的好学生茉莉，却在考上高中的第一天跳楼自杀了！茉莉死后，她的妈妈始终想不明白这么优秀的女儿为什么要自杀，于是开始探寻女儿的死因。通过查看女儿的日记，茉莉的妈妈慢慢了解到底是谁害死了自己的女儿。

当初茉莉妈妈因为生育茉莉放弃了留美深造当教授的机会，成为一名家庭主妇，但她心有不甘，把出人头地的心愿强加到了女儿身上，天天在家督促女儿学习。让女儿出人头地就是她最大的人生目标，茉莉妈妈从小就给女儿灌输要成功、要考第一、要当会计，做收银员没出息的观念。一旦茉莉没考好就会被骂、被打。从小到大，茉莉妈妈不断地强调自己为她的付出，说如果没有生茉莉自己早就当教授了；茉莉花的钱都是自己省吃俭用出来的，不好好学习就是对自己不孝；如果不是靠自己盯着，茉莉不会考第一；要读医学院，读中文系是丢爸妈的脸等等。从小生活在严苛、控制环境里的茉莉感觉很痛苦，每次考砸她就会在自己的手臂上乱割，好像这样再被妈妈打就不会那么痛了。茉莉恨自己软弱，但她又不敢反抗妈妈，不敢恨妈妈，所以她只能恨自己、报复自己，她采取伤害自己的方式希望妈妈的伤害会停止，期待如果妈妈看到自己的伤口会醒悟，会跟自己道歉，但是一次次地伤害让她再也不抱期待，她觉得自己是不被爱的，最终她选择了跳下去，选择了与没人爱的茉莉再见。影片最后，茉莉妈妈终于知道了女儿自杀的原因，在知道女儿所受的伤害之后。她知道了女儿的痛苦，原来自以为温馨的家也会"吞噬"人。

原生家庭的"控诉"

2018年有一则新闻，介绍了一个与父母决裂6年，连续12年春节不回家的高考理科状元、北大高才生、留美研究生写的万字长信，信中记录了他从小到大与父母相处的生活，满纸都是控诉。

类似事件在网络平台上也经常出现。在传统的认知中或许大多数人都会承认贫苦家庭会给孩子带来自卑和不自信，教育落后的家庭背负着"让孩子输在起跑线上"的压力。当下，越来越多的人开始关注儿童身心健康发展，有人发出这样的疑问：是否压抑失衡的亲子关系，紧张不幸的家庭成长环境造成了现代人成长之后的种种抑郁、焦虑、社交和人格等方面的问题呢？

有的人说自己从小到大一直都被严厉的父母批评否定，导致自己与他人相处时习惯自卑讨好，追求优秀成功是自己一生奋斗的目标；有人说自小没有被父母宠爱过，不知道该如何做出被爱的姿态，敏感脆弱的性格，让自己在亲密关系中不断试探，缺乏安全感让自己宁愿一辈子孤独也不愿成家立业；也有人咬牙切齿地发誓绝不会成为父母那样的人，不会胡乱发脾气，不会动辄打骂，但成年后却在生活中发现自己越来越像他们，恨他们更恨自己。用社会行为主义的观点来解释，我们可以理解为这是一种对父母言行的社会习得和观察学习，因为不断地强化而形成固定的行为模型。因此，似乎一个人曾经是怎样的被错误对待，长大之后依旧逃不出魔咒。

父母养育孩子的初衷是善意的，只是在实际的教养过程中会事与愿违。为人父母者不必为此过度自责，为人子女者亦无须满腔怨恨。在责备自己的父母和原生家庭时，如果能够意识到他们也是深受童年的影响，在和自己一样的成长背景甚至更糟的境遇下成长起来，或许内心会释怀和宽慰许多。正如塞西尔·大卫·威尔所写的一样："养育方式就像遗传基因，不知不觉代代相传。无意识中，父母童年的悲剧总在孩子身上重演。"

家在儿童成长中的重要性

遗传因素为人类的发展提供生化基础，环境使发展成为可能。环境分为自然物理环境和社会环境，后者对人类产生最直接深刻的影响。俗话说：家庭是孩子的第一所学校，父母是孩子的第一任老师，瑞典教育家哈巴特也说过，"一个父亲胜过一百个校长"。在正式入学之前，孩子在原生家庭里度过了认知发展中的语言获得、智力形成的关键期，同时家庭背景下的成长过程也是依恋类型形成、自我意识发展、道德品质锤炼、性格养成的重要时期。正如苏霍姆林斯基在《育人三部曲》中所讲："童年是人生最重要的时期，不是对未来生活的准备时期，而是一段独特的、真正的、光彩夺目的、不可再现的生活。今天的孩子，将来会成为一个什么样的人，起决定作用的是他的童年如何度过，童年时期有谁携手带路，周围的世界中有哪些东西进入了他的头脑和心灵。"

相关研究表明，良好和谐的家庭氛围感是促进儿童身心发展健康成长的首要因素。祥和幸福温馨的家庭中的父母具有较好的情绪调节能力，保持积极健康的心境，往往能让孩子感到充分的安全感，并释放自己探索的天性，提供孩子轻松自由的学习空间促进认知思维能力的顺畅发展。但是如果相反，家中的成年人是暴怒不可遏制，或者家庭氛围紧张压抑，家人之间情感淡漠、关系疏离，由于孩子天生具有一定的生存感知能力，并且弱小的孩子不具备独立生存的条件，面对这样充满威胁和挑战的生存环境，出于防御和自我保护的动机会发展出适应当下的应对机制。于是长期的压抑或者是对成年人的模仿学习让孩子渐渐发展出不良的适应方式。

原生家庭与抑郁症

什么是"原生家庭"？"原生家庭"是指个体出生和成长的家庭。美国著名的心理治疗师维吉尼亚·萨提亚曾说："一个人和他的原生家庭有着千丝万缕的联系，而这种联系有可能影响他的一生。"科学研究发现，孩子出现心理障碍常常和家庭有关系。在一个理性的、和谐温暖的家庭氛围中成长起来的孩子，一般都是人格健全的；在一个缺乏爱和温暖的家庭中成长起来的孩子，则容易存在人格缺陷。

近年来随着社会现代化进程的加快，抑郁症的发病率逐渐升高，并且呈现出低龄化的趋势。儿童抑郁症的发病机理我们尚不清楚，但通过追溯生活经历往往可以从原生家庭中找出某些原因。萨提亚曾说："孩子没有问题，如果孩子有问题，那一定是父母的问题。"越是苛责的父母，越容易培育出抑郁症患者。有的严苛的家长，希望儿女能出人头地，一切只看成绩，从来不关心儿女的想法、爱好，不照顾他们内心的需要，慢慢地孩子会觉得自己是没有价值的，自己是不值得被爱的，日复一日,就丧失了对生活的热情,对生命的期待。

家的伤害从何而来

在经济落后的时代,抚养孩子对于家长来说也是一种投资。当部分家长抱着长期投入等待回报和收割的心态,难免在孩子的成长过程产生有失偏差的养育行为。比如经济务实的家长会过分要求孩子努力学习、出人头地,以此实现改变整个家庭命运的愿望。有的家长则将孩子看作是自己生命的延续,用以代替实现自己未能实现的梦想,比如强迫孩子听从家长的安排选择高考志愿等。除了现实中各种生活选择上的干预,造成更多伤害的还是精神和情感上的控制与压迫。

另外的假设和可能是作为家长本身在成长的过程中就有尚未弥合的伤口,或者第一次初为父母尚不知什么才是更好、更正确的教育方式,他们只是单纯地将自己以为最好的东西给了孩子,却不曾想带来了伤害,家庭教育是一门学问,英国学者赫胥黎曾说:"欲造伟大之国民,必自家庭教育始。"这也是每个人都要自我学习的人生课程。

如何与自我和解

从心理学的角度来讲,当面临真正的原生家庭带来的伤害时，想要克服其所带来的影响或许需要一个推倒权威的过程。但是传统根深蒂固的教育理念视这种行为和观念是有违道德和伦理的。所以，很多人一方面饱受成长过程中家庭带来的伤害无法消解，另外一方面不允许自己对父母进行批评，因此不断加深内心的矛盾挣扎，甚至产生自我责备与自我批评的心理。

那么，我们该如何在谅解父母的同时与自己和解呢？

首先，我们需要在看到自己脆弱的同时，看到并理解父母曾经的局限。就像上文中所讲的一样，那时的他们已经尽力在做最好的父母。就像我们每次考试都想要努力拿满分一样，尽力但不一定有满分的结果。父母的关爱呵护如此重要，但是所爱之道需要我们自己拿捏。我们有责任从自己开始学习做更好的父母。

其次，自己是自己的拯救者。别再把不幸都归因于已经无法改变的事实，为自己的不作为继续找冠冕堂皇的理由。不要自己不作为，放任原生家庭对自己的伤害。接纳原生家庭的不完美，同时接纳自己因为恐惧而长久的退缩回避。

最后，通过各种途径寻求成长的动机和能量，可以是读书、旅行、心理咨询、团体治疗，开启新的人生之旅，打破原生家庭的枷锁，挣脱过往的束缚，打开未来向阳之路。

摆脱枷锁，向阳成长

很多人把自己的不幸与原生家庭绑定，好像倒霉的人终于找到了原因一样,把自己的不幸全都归罪于原生家庭,这也实在有些过于牵强。萨提亚说:"不是每个创伤都是灾难,除非你允许这个灾难发生。"奥地利著名的心理学家阿尔弗雷德·阿德勒在《被讨厌的勇气》中曾说:"无论之前的人生发生过什么,都对今后的人生如何度过没有影响。决定自己人生的,是活在此时此刻的你自己。所以我们应该关注当下,而不是虚无缥缈的过去。一个人总是在意自己过往的不幸,并以此为理由不在当下做出改变,根本原因在于你并不想改变,从而调取出过往的消极回忆,来作为自己无法改变的理由,以达到不去改变的目的。所以,你之所以不幸,并不是因为过去或者环境,更不是因为能力不足,而是你缺乏勇气,缺乏获得幸福的勇气,缺乏选择新生活的勇气。"每个人都是在原生家庭里成长起来的,都会受到原生家庭的影响,但有些人长大成为自己想要成为的人,有些人活成了自己讨厌的样子。我们无法选择自己出生的家庭,但是可以选择成为什么样的人,选择过什么样的人生,原生家庭并不是挣不脱的枷锁,努力走自己的路,向着梦想的人生。

第三节
留守儿童之"沉默的渴望"

"被抛弃"的小丽

清晨,明亮的教室里,阳光肆意地挥洒着,活泼的同学们三五成群、叽叽喳喳地分享着假期里的开心事,只有小丽一个人躲在角落里默不作声,仿佛和这世界格格不入。上课铃声响起,班主任蔡老师走了进来,"同学们,新学期开始了,大家要继续保持朝气蓬勃的精神面貌,努力学习。有新的同学加入,我们欢迎小丽同学做自我介绍,大家鼓掌"!

缩在角落里的小丽感觉自己的脚像灌了铅一样,仿佛使了极大的力气才走上讲台,脸瞬间涨得通红,内心仿佛有一个声音"为什么我不能像大家一样自然呢"?吱吱呜呜了半天,也只说了几句简单的话,"大家好,我叫小丽,我来自贵州"。接下来的几个礼拜,小丽感觉度日如年,每当同学们在她旁边说一些悄悄话时,她总感觉好像在说自己;新学校的一切显得是那么陌生，让小丽感觉难以融入，也交不到什么好朋友，有时一个人躲在厕所里悄悄抹眼泪，说话也越来越小声。

　　细心的班主任蔡老师察觉到了小丽的异常，上门进行了家访，才知道小丽不合群的原因。小丽一家来自贵州某个小山村，父母都是农民，在家务农，靠天吃饭，每年的收入还不到万元，家庭经济拮据。在小丽快要上学前，父母看到外出打工的同村人家庭收入得到很大改善，于是也毅然踏上了打工的路途。爸爸在工地做泥瓦工，妈妈在饭店做服务员，疲于生计的二人根本无法照顾女儿，小丽被寄养在了奶奶家里，一同寄养的还有叔叔家的堂弟。小丽的奶奶重男轻女，天天叨叨着"女娃娃家读那么多书也没用"。每天放学后小丽不仅要去地里拔草，还要洗碗刷锅。而偏心的奶奶经常悄悄给弟弟塞好吃的，事事教导小丽"你是姐姐，要多让着弟弟"。在学校里有同学欺负小丽，小丽气不过打了回去，同学家长告状到家里，奶奶也只会不分青红皂白地骂小丽不省心。到了初中，小丽的父母有了积蓄，租了房子，加上奶奶年纪大了，就把小丽接到了身边。小丽的爸爸说："前几年我们还没有在这个城市落下脚，每天想办法挣钱，根本没时间管女儿的事情，想着小孩子只要吃饱穿暖就行了。""这几年过年回去，我发现女儿也不爱和我说话了，好像总是疏远着我，眼神里还透露着害怕，晚上睡觉说梦话，哭着喊妈妈不要抛弃我。"小丽的妈妈说着说着一下子就哭了，"我不知道我的女儿怎么变了，小时候她是那么开朗爱笑的呀!"

学校的心理老师和小丽进行了多次交谈,小丽渐渐袒露了心声。她说自己总觉得害怕,不敢和别人交流,害怕同学们看不起自己;和爸爸妈妈也不知道说什么,甚至有点怨恨他们,觉得他们从小抛弃了自己。渐渐地,自己就变得沉默寡言、闷闷不乐,上课还时常走神,听不进老师在说些啥,导致学习成绩也不好,所以越来越自卑了。心理老师告诉小丽的父母,小丽可能抑郁了。

留守的心,哪里安放

随着我国城市化进程的不断推进,农村的剩余劳动力开始大规模地向城市转移,形成了蔚为壮观的"民工潮"。由于户籍限制、入学制度、自身经济条件等约束,出现了大量的留守儿童,小丽就是其中的一员。

所谓留守儿童,是指因父母双方或其中一方长期外出务工而被留在农村,由家中其他长辈或父母其中一方抚养的儿童。作为一个特殊的群体,留守儿童在2004年人民日报等报道后才引起广泛关注。民政部2018年公开信息显示,全国农村留守儿童697万余人,主要分布在安徽、湖南、河南、江西、湖北、贵州等地,因为亲戚的长期监护不力、照顾疏忽,使得留守儿童无法像其他父母双全的孩子一样充分享受父母全身心的关爱，其心理健康问题日益凸显。

留守儿童心理、行为特点主要体现在以下几个方面：

1. **情绪问题**：留守儿童抑郁和焦虑的比例明显高于非留守儿童，年龄越小问题越突出，女性比男性更突出；情绪不稳定显著，出现躯体化、敌对、孤独无助、被抛弃感等；自卑，对自己智力、外貌等方面的评价较低。

2. **社会关系应对困难**：大多数留守儿童对父母充满怨恨，甚至有盲目反抗心理；人际关系不良，内向敏感，不愿主动交流，受欺负或攻击现象常见。

3. **行为问题**：由于长期缺乏有力的监督，留守儿童行为问题越来越凸显，学习态度不端正，学习成绩下滑，厌学、逃学和辍学现象比较严重；违纪、违法行为较多，如抽烟、酗酒、不服管教，甚至出现赌博、偷窃、抢劫等违法行为。

根据《中国留守儿童心灵状况白皮书2015》调查显示，有20%左右的留守儿童存在明显的负性情绪体验，如感到忧愁、伤心、对未来缺乏信心、紧张、心烦意乱等。像小丽这样的留守孩子，自幼离开父母，爷爷奶奶代为抚养，但由于亲疏关系不同，遇到问题和麻烦时愈加感觉柔弱无助，久而久之，性格也变得内向、不愿与人交流。没有父母坚强的依靠和保护，他们时常自卑、孤独，甚至怨恨父母抛弃了自己。负面的情绪长期难以疏解，困在他们幼小的身躯里，找不到出口。

寻因施策

少年强则国强,少年富则国富,少年立则国立。关心关爱留守儿童,关系着国家民族的未来。造成部分留守儿童心理情绪异常的原因,归结起来大致可分为三个方面:

1. 家庭层面

家庭教育是儿童的基础教育,父母的关爱是儿童成长中的重要组成部分,童年期良好的被照料经历有助于儿童形成安全、良好的依恋模式,对其今后情绪发展、自我认知、社会功能水平均会产生重要的影响。

现实情况中,大部分留守儿童处在隔代教养的模式中,祖辈文化水平不高,思想观念保守,教育方法简单,对儿童情感需求的关注较少。由于长期与父母分离,儿童在日常生活中难以得到父母足够的情感支持,对于自身变化、人际交往等困惑,不能及时倾诉。对亲情的饥渴得不到满足,久而久之,便容易出现情绪问题;加之父母长期在外,很多时候难以敏锐地发现孩子的情感、行为变化,因此留守儿童抑郁的发生比例大大增加。

另一方面,来自父母的压力也让一些留守儿童难以承受。农村外出务工人员普遍受教育程度不高,对子女教育缺乏科学的认识,一部分认为自己下苦力挣钱多的打工者,心中"读书无用论"滋长，对子女的教育、心理知之甚少，甚至处于"放养"抚育状态。还有一部分经济状况不佳的父母，整日怨天尤人，只怪命运不公，对子女不负责任，不闻不问，无形中也增加了孩子的心理负担。这样复杂的家庭环境，无疑不利于儿童心理健康发展。

2. 学校教育

学校是儿童重要的教育场所，除了学习文化课程，德智体美劳全面发展对儿童心身健康成长也尤为关键。但在农村地区，尤其是偏远、贫穷的山村，对德育的重视度不够，很多学校缺乏专业的心理辅导教师，学校不能够及时的发现留守儿童存在的心理健康问题。

另外，遭受暴力对待在留守儿童中也较为常见，2019年中国留守儿童心灵状况白皮书对江西、安徽、云南三省的调查数据显示，留守儿童遭受躯体暴力对待的发生率高达65.1%，主要发生的场所为学校。校园欺凌，包括老师的体罚和学生之间的欺凌，已经成为儿童暴力的"重灾区"。与未遭受暴力的儿童相比，受到暴力对待的儿童情绪稳定性、抗压力、自尊、社会交往能力均明显下降。文章开头的小丽，显然也曾多次受到暴力对待，被同学欺负后无法得到养育者的抚慰和引导，慢慢地性格发生改变，为她今后抑郁的发生埋下了伏笔。

3. 社会层面

自2004年以来，留守儿童得到了广泛的社会关注，媒体铺天盖地地报道、宣传着这个特殊群体的境遇,但多数聚焦于负面事件,留守儿童"标签化""污名化"现象十分普遍,无形中也带来了成长压力,一些儿童因为自己的留守身份感到羞愧、自卑、不敢与人交流。另外,农村环境较单一,在缺乏家庭教育的前提下,让一些儿童沉迷于网吧、游戏厅等社会场所,缺乏自制力,同样不利于心理健康成长。

尽管存在各种各样的问题,近年来,各地政府、社会公益组织等从父母教育、学校、法律多方面入手,开展了一系列行动,促进留守儿童心理健康发展。

首先是家庭养育环境的改善。距离阻隔不了亲情和爱,随着网络发展,手机、电脑普及,留守儿童和父母"零距离"沟通已经不是障碍。作为父母,应该采取多种方式,加强与孩子的沟通交流。缩短沟通的时间间隔,尽全力熟悉孩子的生活、学习环境,关注孩子细微的情绪、心理变化和需求。同时,在经济状况允许的情况下,增加儿童与父母见面的次数。2019年白皮书调查发现,与父母联系的满意度越高,留守儿童的抑郁水平越低;与父母联系的频率越低,其依恋焦虑水平越高。高频、高质量、持续的关注和关爱,会给孩子注入爱的力量,为其今后各方面的发展带来积极的影响。

其次是学校教育的重视,很多地区发起建立了"快乐学校""新农村助教行动"等公益组织,成立专门的心理辅导部门,建立留守儿童成长档案,记录孩子的性格特征、兴趣爱好、智力水平、家庭情况、父母与子女沟通状态等详细信息；积极与父母沟通孩子的发展状态，宣传科学的教育理念，共同助力留守儿童成长。

孩子的成长需要父母的关心、爱护，而父母共同的呵护是孩子健康成长的条件，父爱如山，母爱似水，在父母共同的关爱中成长是孩子最大的幸福。完整的家庭是孩子心灵成长的关键，幼年时的感情缺失，是一辈子也弥补不了的。希望家长们都能陪伴孩子，健康成长，助力他们展翅高飞！

第四节
"黏宝宝"的分离性焦虑

开学前大戏

幼儿园开学季,络绎不绝的小朋友在家长的陪同下,带着新奇与对未知的担忧来到幼儿园。勇敢的小朋友们和家长挥手告别,然后投入老师的怀抱。但是,大部分小朋友的入学经历可能更为"坎坷"。有的小朋友垂头丧气,心情低落,一言不语,满心委屈;有的小朋友撕心裂肺,号啕大哭,奋力反抗;有的小朋友百般哀求,苦苦拉扯,拼命挽留,希望妈妈不要丢下自己一个人。由于对未知环境的恐惧以及和母亲、家人分离的不舍,年幼的宝宝们只能用自己的哭闹行为表达内心的拒绝和无法用言语陈述的焦虑。第一次离开家,第一次离开熟悉又温暖的妈妈怀抱,对宝宝们而言就是一次奇妙的冒险记!完全陌生的环境和不曾熟悉的同学老师,骤然改变的生活作息,每日需要遵守的规定和安排让孩子们不免心生忐忑和担忧,如何与新的朋友相处，如何融入集体，如何按时按要求完成老师布置的任务，同样让小朋友心生狐疑。

同样，另一方的父母也是我们不能忽略的对象。他们虽是成年人，理解孩子入学接受教育乃是人生一堂必修的课。但是，他们也是初为人父初为人母，将孩子完全放到一个自己看不见、关心不到的地方，内心同样承受巨大的压力和满满的不舍。会忍不住的担心孩子是否哭闹，是否有正常的吃饭喝水，有没有被其他的小朋友欺负等等各种问题，以至于产生心情紧张、注意力不集中等负面情绪。

这种现象在儿童发展领域称为分离焦虑，也是适龄儿童在入学阶段常见的心理与行为表现，家长应该将其与孩子日常玩闹行为进行区分，否则对孩子伤心的情绪视而不见，紧张不安的惶恐不加以安抚，只是任其自然适应或者暴力对待，将对孩子未来成长和发展带来难以磨灭的伤害。

什么是"分离焦虑"

当孩子一岁左右时，可能会出现离不开主要照护者的情形，这就是我们所说的"分离焦虑"。有些孩子"分离焦虑"出现的时间比较早，最早8—10个月就会出现。当孩子会爬、活动范围扩大，有时候可能看不到主要照护者时，就会开始有这种情形。分离性焦虑是与依恋对象分离时出现与年龄不适当的、过度的、损害行为能力的焦虑，是学龄前儿童最常见的情绪障碍之一。多发生在 6 岁以前，其特征是当与亲人分离或离开他熟悉的环境时，表现出过度的焦虑。

哪些人会产生分离焦虑

分离焦虑的研究自 19 世纪三四十年代就已经开始，最初的研究重点主要是婴幼儿与母亲的分离焦虑，但是在实际生活中"分离"伴随在人生不同的发展阶段，所以"焦虑"也是如影随形地发生。最新的发展成果中主要引起人们关注的是成年人与自己的亲密对象的分离，以及老年人面临子女外地工作所带来的老年分离焦虑也逐渐引起学者关注。

分离焦虑并不是婴幼儿或儿童的"专属"，成年人面对伴侣分居异地，儿女的离家，朋友的断联也会产生分离焦虑情绪。只不过，由于成年人已经具有成熟的自我控制能力和掩盖真实情绪的驱动让我们不易察觉从而忽视他们内心的不安。较为明显的情景是孩子长大离家去异地求学，平日父母的生活重心除了工作就是围绕孩子打转，当孩子离开自己的身边，家长的时间变得"多余"，生活多出一些空白。如果不及时调整自己的生活节奏，家长有可能会出现过度担忧，比如担心孩子在学校的日常状态，是否能够照顾自己，与人交往是否顺利。过度的担心导致家长会频繁地给孩子打电话，工作不集中，心情烦躁，影响自己日常事务的处理效率等。家长的过分担忧、焦虑传递给孩子，也会影响到孩子的正常生活学习节奏，进而产生一系列适应性问题。所以，在有关分离焦虑的教育中，家长与孩子同样都是受益者。

从这里认识分离焦虑

个体分离焦虑发生的最早时期主要是新生入学阶段，面对完全陌生的环境，众多的新伙伴，以及儿童也要学会独立自主地照顾自己。无论是现实环境还是情感依靠都发生极大改变，此时儿童会产生各种不适行为来表达内心的恐惧和焦虑。主要的表现可能体现在以下几个方面：

1. 拒绝上学：儿童会直接或间接地表达自己不想上学的意愿，希望父母可以准许自己在家里，如果父母不同意就会以各种行为来抗拒入学，比如：拒绝起床、开始生病，常见的症状表现为头痛、肚子痛和发烧等。需要声明的是，孩子的躯体表现也是身心问题的一种，是心理焦虑的躯体表现。所以，生活中，有些家长会以此责怪孩子为了不上学故意装病，这样不仅不会帮助孩子有效缓解入学的焦虑情绪，反而会因为父母的不信任和指责加重身心负担。对于此类问题，家长需要更多的耐心和疏导，减少孩子对于学校生活的恐惧并且提供给孩子足够的安全感才是问题的根本。

2.激烈的哭闹：早晨家长送孩子上学时，很多小朋友会采取哭闹的行为抗争。比如发脾气扔书包，拉扯家长不让其离开，倒地滚爬、四肢极力挥舞等行为表达内心激烈的痛苦和难过，进入教室之后也不能按照正常安排上课学习，会间断地出现哭闹行为，或是让老师给家长打电话表示自己想回家。虽然此部分儿童行为表现夸张，情绪过激难以平复，但是在实际安抚过程中，此类儿童相对容易转移注意力，能较快融入新的集体和环境，迅速和周围的小朋友们建立熟络的友谊关系。人际方面的适应和较快的环境适应能力，再加上家长正确的引导沟通教育工作，能够在较短的时间内让孩子克服分离焦虑。

3.默默承受：和上面的一类儿童不同的是还有一部分儿童即使在面对分离焦虑时内心有强烈的不安全感和害怕，但是他们会选择隐忍下来，不表达。似乎他们知道自己的反抗对于结果的改变没有任何影响，所以选择听从家长的安排，并希望自己乖巧懂事可以获得父母的认可，从而能够在放学时按时接自己回家。这部分儿童一般性格内向，平时家长的反馈也是孩子较为听话，比较好带。但是，如果仔细观察这部分儿童就会发现，他们经常心情低落，较少与其他小伙伴讲话和玩耍，在交际方面也较为被动。一般在老师注意不到的地方一个人玩耍，或是上学时随身带着自己喜欢的玩具，在父母不在的时候用自己熟悉的玩具安慰自己。这部分儿童适应环境过程往往较慢，而且由于情绪的压抑容易引发其他问题或是在个体学习、交际、活动水平的其他方面发展造成影响,进而阻碍孩子们的认知和个性的完好发展。

分离焦虑对幼儿发展的影响

相关研究表明,儿童的焦虑情绪具有跨时间和跨情境的稳定性,所以早期阶段出现的问题如果不能及早进行妥善干预,滞留到青少年时期或者成年期,不仅会影响到长远的适应问题、学业问题,严重时还有可能导致各种焦虑障碍的形成。伴随焦虑情绪的个体在处理其他问题情境时比较容易出现紧张、认知狭窄、决策错误、情绪失控等现象。

医学、生理学还有心理学的研究都已一致表明身心一体。根据詹姆斯·兰格的外周情绪理论,情绪是人类对于外周神经系统生理反应的知觉,每一种情绪都对应不同的生理唤醒机制。所以也就不难理解当儿童一直处在焦虑不安的状态中会对其身体健康造成一定的损害,导致食欲不振、失眠、易怒失控、头晕恶心、呕吐晕厥等各种躯体症状。

除了明显的生理和情绪问题,美国心理学家的研究还表明早期分离焦虑情绪太过严重,甚至会影响到儿童智力活动,减少儿童创造力发展空间,对其健康人格的形成也会产生不利影响。

综合来看,分离焦虑带来的不良后果具有一定的稳定性、持久性和普遍性，建议学校老师和家长能够协同配合对分离焦虑进行疏导和干预，避免更大问题的产生。

分离焦虑原因探析

研究表明分离焦虑一般最早出现在6—8个月，6个月之后的婴儿发展出客体永久性的概念，知道离开的人或事物并不是完全消失，以此基础产生对于依恋对象离开的焦虑感。这种情绪在3—5岁时达到高潮，经历个体一生中最强烈的分离焦虑，之后呈线性趋势不断下降。而且，伴随年龄的增长，儿童对引起焦虑的分离紧张源的敏感性逐渐减少，可见分离焦虑在个体发展过程中是一个发展性而不是某个发展阶段的固定问题。

幼儿入园的分离是幼儿人生阶段第二个最大的"断乳期"。在幼儿离开自己熟悉的生长环境，与家人短暂分开时，会担心没有人可以提供自己生理的满足和安全的保障。完全陌生的环境，由他人服务到自我照顾的过渡，儿童对于自己的生存能力产生极大的质疑和不安，从而引发种种失控或是表现过激的行为掩饰内心极度的惶恐不安。

除以上的原因分析，经过大量的研究回顾，家庭养育环境、父母的教养方式、儿童先天气质类型等诸多因素会对分离焦虑的程度产生影响。分离焦虑产生的原因错杂，多种因素相互作用，我们更多要以心理学角度结合具体情况予以分析原因。

应对分离焦虑的小建议

面对幼儿不可避免的分离焦虑情绪,我们可以从家长、老师两方面进行综合准备。

1. 家长方面

由于幼儿一部分的焦虑是源于无法自我照顾,过度娇惯的孩子离开父母,生活小事的频频受挫、处处碰壁容易引发愤怒、不良适应等问题,所以提前培养孩子独立自主的生活技能是解决问题的关键操作。

有时儿童害怕的不是分离的事实而是原因。很多孩子不能理解父母为什么会离开自己去工作或是无法陪伴在自己的身边,会误以为父母的暂时的离开是永久的抛弃,原因是自己"不乖"导致父母生气,所以内心会非常自责、懊悔和恐惧。所以,随着儿童言语理解和认知的发展,家长可以耐心地对分离的原因进行解释以减少孩子不必要的恐惧。

2. 老师方面

老师需要具备一定的发展学、教育学以及心理学基础,能够正确认识分离焦虑产生的原因、心理机制以及科学的应对措施。除了了解儿童生活习惯、性格爱好以便提供针对具体性的教育,同样也有义务向家长进行科普教育,帮助家长了解当前阶段的儿童主要身心发展特征,及时发现和纠正错误的教育观念和行为。组织开展家长交流会，不仅能够帮助家长有效缓解育儿方面的焦虑，也能互相借鉴具有实践意义的教育方式，促进老师和家长的协同配合，更好对应交接互助教学。

让孩子健康快乐地成长，是所有父母都希望的，所以在呵护孩子成长的过程中，父母会竭尽所能让孩子经历积极向上的事物，体验愉快幸福的心情，从而有意识地避免一切可能的负面情绪或者冲突。但是研究表明必要的成长性挫折是孩子养成坚韧成熟的性格品质的重要条件。分离焦虑虽然会带来强烈的不安和极大的负面情绪，但也是孩子成长中不可避免的一部分。每一次分离之初，孩子可能都会出现不适应的现象，会焦虑，会不安，想要逃避，但如果孩子得到了足够支持，最终克服这些情绪和不安，孩子就能得到成长，向更完美的自己迈进一步。

第五节
隔代教育与儿童心理问题

没了笑声的晨晨

4岁的晨晨原本有一个圆满的家庭,父亲在当地一家机械厂上班,平时工作繁忙,陪伴孩子的时间不多,好在母亲是全职妈妈,加上爷爷奶奶对晨晨十分疼爱,一家人其乐融融,小晨晨个性开朗活泼,家里总是充满着欢声笑语。然而好景不长,一年前,晨晨的父母开始经常争吵,母亲抱怨丈夫不够体贴,上进心不够,父亲觉得妻子好高骛远,无理取闹,两人针尖对麦芒,竟到了难以调和的地步,半年前离了婚。母亲主动放弃了晨晨的监护权,小晨晨和父亲、爷爷、奶奶共同生活。晨晨的爸爸心粗,加上每天在家的时间很少,照顾晨晨的重任就落到了爷爷奶奶的身上。

不谙世事的晨晨问奶奶:"妈妈为什么不回家?"奶奶觉得晨晨幼小,不知该如何向其解释父母分开的事实,只简单回答道:"妈妈现在有新的工作了,她很忙,等闲下来的时候会来看晨晨的。"奶奶觉得,只要把孩子身体照顾好,多陪他玩儿,晨晨就会逐渐接受妈妈离开的事实,等到孩子大了,一切就好了。日子一天天过去,一晃半年时间,晨晨渐渐很少提起妈妈,每天从幼儿园回来,就乖乖地一个人玩玩具,或者看动画片,多数时间都比较安静、不闹腾,奶奶甚至觉得晨晨变乖了。

最近幼儿园的老师打电话给晨晨爸爸,告知晨晨经常一个人坐在一边摆弄玩具,和其他小朋友的互动也少,不太乐于分享玩具;集体唱歌、玩乐时,晨晨的参与度也不高,和以前相比改变很大。爸爸觉得似乎不太对劲,赶忙询问晨晨奶奶怎么回事。奶奶想起来晨晨最近生病的时候让人十分头痛,哭着喊着要妈妈,怎么都哄不好;有几次晚上睡觉时哭醒,也不如以前活泼了。一家人赶忙带着晨晨来到了医院,经过一番了解和检查,医生告诉他们,晨晨很可能出现了抑郁情绪。

上述故事中,由于晨晨的父母离异,照料晨晨的责任压在了爷爷奶奶的肩上,爷爷奶奶把晨晨的衣食住行照顾得很好,但晨晨的情绪变化显然没有引起他们的重视。隔代教育的孩子为什么容易出现心理问题呢?

中国特色的隔代教育

隔代教育是指一些年轻家长或者因为自己的工作繁忙,或者因为离婚而把孩子的教育、生活等责任全部交给了祖父母、外祖父母，这些祖父母们自觉地成为全面照顾第三代的"现代父母"，这种祖辈和孙辈一起生活，并承担抚养、教育孙辈的主要或部分责任的方式，称之为隔代教育或隔代教养。2000年，中国老龄科学研究中心的一项调查显示，66.47%的老人承担照料孙辈的任务；2010年，这一比例甚至攀升至69.73%。这一结果说明，中国有超过一半的孩子是跟着爷爷奶奶、外公外婆长大的。

隔代教育的形成，主要有两方面的原因：第一，传统文化观念对于家族传宗接代的重视，祖辈们多有甘为儿女奉献的固有思维，将照顾孙辈作为自己晚年的重要任务；第二，中国处于急剧的社会转型期，社会竞争日趋激烈，父辈家长们不得不将大部分精力投入工作中，对子女的教育心有余而力不足，进一步促进了隔代教育模式的形成。此外，父母因离异、丧偶、精神异常、生病等原因无法养育子女时，祖父母则被迫承担起照料孙子女的责任。

目前，隔代教育已经成为当代中国一种普遍的社会现象。近年来的国内外研究表明，隔代教育会对儿童的认知、情绪、行为等方面产生不良影响。Golbert·Glen等人指出隔代教育的儿童更容易产生焦虑、不安全的情感问题，以及注意力不集中现象[1]。我国台湾学者王怡进行的关于祖辈照顾的幼儿如何表达情绪的研究显示，隔代教育中祖辈的不良情绪会极大阻碍幼儿正常的情绪表达[2]。隔代教育中，祖辈们往往因循守旧，缺乏科学、合理的养育知识，对孙辈过度关注和溺爱，致使孙辈的新事物接纳能力、情绪管理等能力不足。

文章开头的晨晨，遭遇了生活的重大变故，迫切需要家长对其情绪进行合理的引导和排解，然而爷爷奶奶只是一味关注孩子的身体，忽略了心理层面，减弱了孩子情绪的表达能力、理解能力、调节能力，最终产生了抑郁情绪。

扬长避短，助力孩子心理健康发展

在我国目前的社会文化背景下，隔代教育无法完全取缔，但是为了孩子的心理健康，家长和老人需要尽可能地去完善自己的教育方式，扬长避短，充分发挥隔代教育的优势。

首先，参与养育的家庭成员，包括父辈家长和祖辈，均应优化和提升科学的养育知识水平，注重对孩子情绪、认知等心理发展层面的关注和引导。

其次，两代人应加强沟通。对扮演子女与父母双重角色的父辈家长而言，一定要抽出时间与孩子充分交流、提高陪伴质量；与老人深入沟通，承担为人父母、为人子女的责任。如周末带孩子外出，睡前讲故事，同时要做到尊重老人，经常和老人聊聊天，帮助老人接受新事物，尽可能减少沟通障碍。

另外，构建教育同盟，加强学校、教师与家长的沟通和交流,例如召开家长交流会,梳理整合教育方法,使双方达成一致的教育理念,共同助力儿童心理健康发展!

最后,对已出现情绪问题的儿童,家长需及时带其至专业医疗机构就医,了解孩子出现情绪问题的原因,给予恰当的干预,改善孩子情绪问题。

参考文献:

①林志忠.美国隔代教育家庭现况及支持方案之分析[J].中国家庭教育,2002,(2).

②王怡又.祖父母照顾的幼儿如何表达情绪[D].私立静宜大学,青少年儿童福利系硕士论文,2000.

第二章 青少年常见的抑郁情绪

QINGSHAONIAN CHANGJIAN DE YIYU QINGXU

第一节
我的青春谁做主——叛逆心理及情绪变化

不归家的灿灿

某日凌晨四点多,一位急躁慌张的母亲来到当地派出所报警,声称自己13岁的女儿(化名:灿灿)彻夜未归。在民警协助下来到某酒店找到约灿灿去酒吧的两位女同学。两位女孩也是十二三岁,于昨晚凌晨约灿灿出来泡吧,灿灿在其父母睡着后偷偷溜出家门,从酒吧出来之后她们就与灿灿分开而行。

一夜未归的灿灿究竟身在何处?民警开始询问时,两位同学表示对于灿灿目前身处何地并不知情。听到女孩们的回答,母亲对于女儿的安全更是担忧,情绪崩溃,开始哭诉:"灿灿在这次考试中数学只考了8分,平时经常和朋友出去蹦迪泡吧,不听从父母的管教,甚至一起玩的同龄朋友有和男孩子发生性关系的行为,非常担心灿灿的未来。"而且灿灿在家很少和父母沟通,话不多说几句就会大喊大叫,异常的烦躁焦虑,经常一个人关在房间里看起来情绪低落、心事重重，但是又不敢过多询问，自己已经不知道到底如何和自己的女儿相处。两位女孩不忍看到灿灿母亲的痛心，表示愿意尝试发动周围的朋友打听灿灿的下落。数小时之后，取得灿灿的联系方式。但是灿灿在电话中表示拒绝回家，拒绝和母亲沟通，不希望继续忍受母亲在学习、生活、交友等方面的控制，希望获得自己生活的掌控权。

青春期是每个孩子人生中最严峻的考验。像故事中困扰灿灿母亲的问题同样也困扰着万千家庭中的父母。为什么孩子一言不合就翻脸？为何孩子不愿沟通，容易产生极端行为？为何孩子爱说"不要你管"？面对青春期的孩子，你是否困惑？孩子所表现出来的逆反心理，该如何正确认识并引导，一直是青少年成长教育中众多学者积极探索的问题。从发展心理学角度来看，青少年时期是人生发展的关键时期，在这一阶段，生理发展趋于完善达到成熟水平，心理发展同样面临"质的前进"：自我意识显著增强，逻辑思维能力提升，开始具有批判意识。但是，由于独立意识的盲目性，显著突出的自我需要，心理发展与生理发展的"异时性"等原因，使叛逆期的青少年往往容易表现出情绪丰富、起伏不定，行为冲动、不易控制等问题。

何为青春期，何为叛逆

青春期是个体发展重要而必经的时期，是儿童向成年人过渡的关键期，在这一阶段需要面对生理和心理上的重大改变，为以成年人身份进行学习和挑战做铺垫。所以，心理学家称青春期是生命的第二次诞生期，实现真正意义的心理断乳。

处于青春期的个体面临较大的身心发展任务。他们面临着机体内部的生理发育，面临着成人的社会使命。身体和思想都有了巨大改变。个体大脑神经系统及各种器官趋于完善，激素作用下促进身高体重的增加，身体机能和素质的增强，第二性征出现，性器官发育成熟。生理上的改变是青少年自我评估新的契机，所以在这阶段是自我意识的第二次飞跃发展，形成新的自我概念、自我意识增强的关键时期。

这个时期，青少年成人感和独立性渐渐增强，他们渴求在平等的基础上重新建构和成年人的关系，希望获得独立掌握自己生活的权利，希望自己的观点见解得到重视和尊重，批判思维的发展开始反抗权威。但是，心理方面存在滞后发展、社会经验普遍匮乏，所以在家长老师的严厉管教下极易激发青少年逆反心理。

叛逆心理是青少年成长过程中经常会出现的一种心理状态，是该年龄阶段青少年的一个突出的心理特点。自20世纪80年代，我国学者开始关注逆反心理，至今已有大量有关逆反心理的表现、成因及影响的相关研究发表，但是对于逆反心理的概念尚未达成通识。总体来说，青少年的逆反是由于身心发展不平衡所表现出的对于成人或者社会规范，以及权威的对立态度和言行的一种心理状态。引用《心理学大辞典》中的定义:"逆反心理是客观环境与主体需要不相符时产生的一种心理活动,具有强烈的抵触情绪。"

大量研究表明处于叛逆期的青少年行为表现主要体现在以下几个方面:

1. 对不良行为的模仿和认同:打架斗殴、喝酒、逃课。

2. 对于法律准则、社会规范、权威的漠视否定:拒绝听从家长的建议,公开违抗校规,甚至发生犯罪行为。据统计,2018年、2019年检察机关受理审查逮捕未成年人犯罪嫌疑人分别同比上升5.87%、7.52%。

3. 对传统价值观的质疑否定:思想认识以及行为上的标新立异。

逆反心理产生的原因分析:

1. 青春期正是处于心理学家埃里克森所提出的确定自我同一性的关键时期,此时的青少年渴望获得自我价值与自我独立性,希望通过质疑权威标新立异、采取和他人不一致的态度行为引起人们的注意,获得"自我"与外界的平等地位。

2. 逆反心理的形成,主要是青少年的知、情、意、行的不平衡,生理成熟和心理成熟的"异时性"。青少年自我意识增强,不仅增加自我关注,内部体验也变得深刻且富含丰富意义,所以情绪上经常表现出两极性与动荡性,但在大脑前额皮质的发展待完善,自我控制能力不足的情况下,在激情状态下容易做出冲动行为。

3. 青少年时期，主要生活场所、活动范围的转移，同伴关系成为主要影响个体价值观的人际关系。脱离家庭基本社会单元，来到学校的同学和同伴们建立稳定和谐的人际关系，互相信任依赖。所以每个个体都希望获得群体的认可和接纳，避免孤立，这时如果群体存在不良行为极易被模仿认同。

4. 家庭是孩子社会化的主要场所，错误的教养方式是心理健康危机的主要影响因素。研究表明家长打压式教育、过高的学业期待、要求过多关心过少、父母的过度严厉惩罚、过分干涉或保护以及拒绝否认与孩子的逆反心理或是抑郁情绪呈显著正相关。

5. 其他还包括社会发展的迅速，两代人之间思想价值观的显著不同，互联网普及带来的信息化影响等。

逆反心理是青少年常见的心理现象，但是我们不能把青春期孩子产生的所有心理问题或者是心理障碍引发的临床表现都归因于是孩子的叛逆。

难以区分的"抑郁"和"叛逆"

近年来青少年抑郁问题引起国内外学者的广泛关注，据中国健康委的数据显示，青少年抑郁有明显低龄化的趋势，中国有接近三千万的儿童和青少年有抑郁情况。2018年《中国青年发展报告》显示：每年至少有25万青少年因精神心理问题失去生命，但是家长对于此问题仍没有达到正确的认识，存在普遍的误解。比如："现在的孩子物质这么好，什么压力都没有怎么能得抑郁症？""那么小的孩子知道什么是抑郁症、不过就是矫情。""什么抑郁、心情不好、身体不舒服，我看就是不想上学的借口。"

根据世界卫生组织报告：在世界范围内，抑郁症是青少年疾病和残疾的第四大原因。抑郁症是一种以明显的情绪低落、失望无助为主要临床表现的情感障碍。患病者感到难以控制的对普遍事物的消极观念、低落的情绪反应、缺乏兴趣、时常感到自卑、自责、无意义感，所以严重时容易产生自伤自杀行为。有关抑郁症的病因学研究表明目前尚未明确抑郁症的具体发病机制，但是大量研究已经证实，抑郁症的发生是遗传、生物化学、神经递质、内分泌、心理社会因素以及环境等多方面相互作用的结果。在青少年抑郁的相关研究中，主要关注家庭功能、父母教养方式、同伴关系、过度使用手机、数字媒体以及青少年自身的人格与自尊方面对于抑郁发生的影响，相关研究皆获得显著结果。

在实际情况中由于抑郁的临床表现与青少年的叛逆心理不易进行区分，所以往往因父母的忽视而没有得到及时治疗。青少年抑郁的临床表现可能是通过品性障碍，诸如偷窃、暴力违法行为来达到内心情绪的宣泄。也有研究表明抑郁障碍和物质滥用具有较高的并发性，通过物质使用行为可以回避自己消极情绪。抑郁带来的疲惫、精力不足往往导致学业成绩下降。还有可能出现无端的自伤、哭泣、大发脾气等行为。总之，由于青少年言语思维、情绪控制、人格特点等多方面的不同，外在症状表现也有极大不同。但是以上表现往往容易被家长认为是逆反心理，因此对孩子过分地批评教育，不理解孩子内心的痛苦，加剧了障碍的形成。对于孩子的精神状态家长应及早地识别而不是忽视、认可而不是否认、寻求治疗而不是无动于衷甚至指责孩子。总之，对于青少年抑郁，尽可能做到早发现、早诊断、早干预。

青少年抑郁问题不再是小问题，是关切亿万十二三岁乃至更小的花样年华般孩子的生活状态，是十年、二十年后整个中国青年的精神面貌，如果孩子抑郁了，或许未来的国家就"抑郁"了！此问题应该得到每位家长、教育学者，乃至社会相关人员的关注。

如何陪伴孩子度过充满危机挑战的青春期

个体层面：研究显示青少年的心理幸福感水平受到身体活动程度、网络使用、多种人际关系、社会适应水平以及情绪调节和心理资源的影响。其中可以通过适当的体育锻炼、正向积极的情绪教育，以及开发心理资源提高个体的心理健康水平，减少青少年抑郁情绪及逆反心理。引导个体使用积极的情绪评估策略，改变负性不良认知。有意识地塑造自信乐观、坚韧不拔的个性品质帮助青少年更好应对挫折困难。

家庭层面：营造和谐的家庭关系。青春期是个体身心迅速发展时期，容易受到外界环境影响出现各种心理问题，家庭是其成长的关键场所具有显著影响。研究表明，夫妻关系是青少年心理健康水平的直接影响因素。和谐的父母关系可以给孩子带来极大的心理安全感。已有研究证实父母关系不协调、离异、父亲缺位，会降低孩子幸福感，易产生自卑心理，在外界应激压力作用下容易产生心理问题。

青春期个体自我意识增强迫切希望获得家长的认可和尊重，在教育过程中应适当给予鼓励和赞赏，避免过分地批评苛责，建立和谐的亲子关系。家长需要走进孩子的内心深处，了解他们到底在想什么，给予足够的尊重。家长和孩子的沟通，实际是两个生命的碰撞，它所到达的高度，取得的成效也没有止境。家长应提高沟通技巧，做孩子忠实的听众，深度倾听，了解孩子行为背后的感受，使沟通达到最高境界。相关研究表明，缺乏信任和沟通的教养方式容易引发孩子抑郁焦虑障碍或相关心理问题。在教育过程中需要对孩子的发展特征有一定了解，采取民主宽容个性化的教养方式。

学校层面：青少年逆反心理和抑郁情绪问题是普遍现象，教育者应持开放接纳的态度去理解，公平公正的思想去包容，敏感细微的方式去觉察。将心理健康状态的测评纳入学生教育体系。除成绩的提高更要注重心理健康水平的提升。

积极发挥学校心理老师的作用。开展心理情绪调节课程，辅助学生学习切实可用的情绪调节技能；组织定期的团体心理辅导，了解学生当前的心理状态并进行压力疏导，进行同伴关系教育；对部分有困扰的学生提供个性化、专业的心理援助和支持，协助孩子正确认知自己的问题，建立正确的自我价值体系。

社会层面：为更好地健全完善青少年心理健康工作机制，建立不同部门和团体之间的信息交流和反馈机制，政府及相关部门应将心理健康教育工作视为学生品格思想教育的基础。从体制机制、服务网络、人才队伍、活动开展多方面推陈出新推动心理健康教育与当下实际相结合。

总之，叛逆期是自我和外部博弈的过程。青春期的孩子容易叛逆，同时内心也渴望被认可。此阶段是个体从幼儿转向成人、依赖转向独立的过渡期，同时面临多方压力，心理健康问题尤为突显。对青少年心理健康的关注和改善不是方法和技术的体现，而是教育理念的更新和进步。现代及未来社会的人力资源中心理素质将成为重要参考指标。维护心理健康，使这个特殊时期的个体，形成并维持正常的心理状态，分担他们成长的烦恼，打开心结，适应社会，快乐成长。为了更好地面对一代又一代青少年的各类心理状况，我们既要看到心理健康教育的重要性，又要探索提高青少年心理素质的科学方式。提前规避心理问题产生的因素，培养青少年自我教育、自我发展的意识和能力是我们的最终目的。

因为经历挫折，他们才能踏着自信的步伐面对家庭和社会。最后，愿每个正处于叛逆期的孩子，化叛逆为动力，顺利地迈入成人世界。

第二节
网络成瘾与情绪问题

救救我的孩子

"快救救我的儿子吧,我现在每天提心吊胆,不知道他什么时候又会把房子烧了!"

这是一名学生母亲对医院专家的哭诉。她的儿子(小李)今年上初三,迷恋上网已经一年多了,刚开始只是每天放学玩一会儿,后来上网的时间越来越长,最后甚至不再上学,一整天都用来上网了。每天起床后,小李脸也不洗,衣服也不换,就打开电脑开始上网,一连二十几个小时,连吃饭都把碗端到电脑前,一边上网一边吃。经常上网玩到凌晨四五点钟,实在坚持不住了就在床上睡一会儿,睡醒了再继续上网,循环往复。本来就很内向的小李,现在更是几乎连房门都不出,每天"躲"在自己房间里,和父母几乎也不做沟通,只沉浸在网上的虚拟世界里。可是只要父母不让他上网,他就会情绪失控，大哭大闹，寻死觅活。前不久，父母下定决心把他房间里的电源拔掉，结果他就跑到厨房将煤气打开，差点酿成火灾。小李的日子还在一天天浑浑噩噩地度过，他的父母也只能每天轮流在家看着儿子，生怕他又会情绪崩溃发生意外。经过院方会诊，诊断小李的行为现象为网络成瘾，同时诊断其患有抑郁症。

像小李这样网络成瘾的青少年数量现如今占比已经较大，中国青少年网络协会在全国第三次网瘾调查中报告，我国城市青少年网民中网瘾青少年约占 14.1%，在城市非网瘾青少年中，约有 12.7% 的青少年有网瘾倾向。导致青少年网络成瘾的因素较多，如果没有尽早发现或者不能及时进行正确的疏导，形成网瘾的青少年可能不仅会出现成绩下滑、厌学、社交功能受损等情况，还会逐渐影响其心理健康，产生孤独、恐惧、反叛等心理，严重的可能出现极端行为，后果不堪设想。

被误解的"网络成瘾"

说到"网络成瘾"，我们最多的是从家长、老师那里听说。"这孩子上网上瘾了"。那么"上瘾"的界定是什么呢？是每天都会上网，是喜欢玩游戏，是经常聊天？在日常生活中我们不难发现大部分青少年一旦出现以上的行为，其家长或老师就会立刻警惕起来，认定他们已经网络成瘾了。究竟如何判定

"网络成瘾"呢?

网络成瘾现象在1994年首次被发现,伊凡·戈登伯格(Ivan. Goldberg)将其称为"网络成瘾症"(Internet Addiction Disorder, IAD),他认为网络成瘾是由于个体过度使用网络致使自身社会、心理功能明显受损的一种现象;直到金伯利·杨(Kimberly. S. Young)系统地实证研究了网络成瘾问题后,将其正式命名为"网络成瘾"(Internet Addiction, IA),认为过度使用网络会损害身体健康,还会学业成绩下降、人际关系障碍、严重影响正常的工作和生活;2013年,我国成瘾医学专家陶然制定的网络成瘾临床诊断标准以"网络游戏成瘾"(Internet Gaming Disorder, IGD)的临床诊断标准,被收录到第五版《美国精神疾病诊断与统计手册》(DSM-Ⅴ)中,这意味着网络成瘾被当成一种精神疾病,但目前争议仍比较大。不管怎样,网络成瘾的主要特征是为各种说法所共同认可的:无法有效控制自己的网络使用从而出现过度网络使用行为以及强迫性思维、耐受、戒断症状等;自身的学业、社交等日常功能因此受损。

目前我国国家卫生健康委员会发布的《中国青少年健康教育核心信息及释义(2018版)》中也对网络成瘾的定义及其诊断标准进行了明确界定。网络成瘾,指在无成瘾物质作用下对互联网使用冲动的失控行为,相关行为持续时间至少为一年(重要诊断标准),表现为过度使用互联网后导致学业、职业和社会功能受到明显的损伤。专业治疗人员在接触、治疗此类患者时，最初会发现他们在临床表现上有出现抑郁症、双相情感障碍、焦虑或强迫等倾向的迹象，随着进一步的检查后会发现互联网滥用的现象，而且由于经常深夜登录使用网络，患者睡得晚且量少，极端情况可能会选择服用兴奋剂来延长网络使用时间，因此他们的睡眠模式会因适应深夜登录过度使用网络而受到严重干扰。除此之外，患者在离线时经常会全神贯注不停地想互联网上的一些想法或内容，在无法使用网络时经常会有莫名的悲伤或沮丧；同时他们不再着眼于现实生活中的关系，而是更加重视他们在网络中建立起的虚拟关系。以上的种种会对患者的个人及社会生活产生严重的负面影响。

根据我国互联网信息中心对互联网络发展状况的统计报告显示，青少年网民数量在网民年龄结构比中所占的比例最高，当然在其他国家也不例外。青少年人群正处于生理和心理发展的一个既重要又特殊的时期，思维活跃程度也在这个时期达到顶峰，因此也是对文化知识进行选择的一个关键性阶段，但正是因为青少年心理和生理状态尚未成熟和稳定，在随着信息化时代的到来、互联网络的普及，以及网络上信息的丰富多彩使得众多青少年对网络产生了强烈的好奇心，这也是青少年更容易成为网络成瘾者的原因。

综合目前已有研究来看，导致个体网络成瘾的原因有以下几点：

1.网络特征：随着时代的发展、科技的进步，网络发展所呈现出的便利性、匿名性、逃避性可以说是致使个体网络成瘾的直接原因。个体在现实生活中遭遇了不愉快事件后，为了发泄或转移情绪便可以登录网络进入到虚拟世界中（逃避性），在那里可以参与各种活动，获得全球性信息（便利性），而参与网络社交活动时又可以隐匿自己的真实身份（匿名性），使自己获得自由感。

2. 个人因素：主要包含性别、个人喜好以及个体心理等因素。研究表明，男性比女性有更大的概率出现网络成瘾问题，同时男性更容易沉迷于网络游戏，而通过沉迷网络游戏形成的网络成瘾是最普遍常见的。在个人因素中，个体的心理特征也是一个极为重要的因素，个体的气质类型等都在一定程度上影响个体对网络的需求度，从而在一定程度上促进网络成瘾的发生，研究发现网络成瘾者往往具有孤独、缄默、多疑、低自尊、高感觉寻求等心理特点。

3. 社会因素：社会因素里主要包括了家庭环境、社会支持和负性生活事件等方面，家庭环境不安全（父母亲间的冲突、父母对自己的不理解等）、人际冲突、工作/学习压力等问题都能够直接或间接地导致个体网络成瘾的发生，社会支持[1]是避免个体出现网络成瘾现象的保护性因素[2]，但社会支持的缺失也是导致个体出现网络成瘾的一个重要原因。

4. 学校因素：这一点主要是对于青少年以及学校工作者来说的，学校的社交环境、青少年对自身学习能力、学业的满意度都与青少年网络成瘾有着密切的联系，研究表明，对自身学习能力或学业满意度低的青少年可能常常因为成绩较差而沮丧，产生自卑心理，为逃避现实而将注意力转移到虚拟网络上，网络成瘾的概率会更高，而网络成瘾会进一步导致学习成绩的下滑从而形成恶性循环。

隐藏的"杀手"

之所以称网络成瘾为隐藏的"杀手"，是因为临床结果显示：网络成瘾者多伴有抑郁症、焦虑症等其他心理疾病，严重危害个体的生活甚至是人身安全。目前对网络成瘾与这些并发疾病间关系的研究结果如下：网络成瘾与抑郁、焦虑之间存在着因果关系，抑郁和焦虑是网络成瘾的危险因素，同时在一定程度上也是网络成瘾的结果。已有研究表明，网络成瘾与不良情绪密切相关，焦虑、抑郁等不良情绪可引起网络成瘾，网络成瘾也对焦虑和抑郁均有极为显著的预测作用，网络成瘾者可出现不同程度的抑郁、焦虑状态；同时网络成瘾与抑郁、焦虑之间呈显著正相关，有抑郁、焦虑等不良情绪的个体对网络的依赖性更高，而对网络的依赖性越高，抑郁、焦虑等负性情绪的程度也越严重，也就是说，有抑郁等不良情绪的个体更容易出现网络成瘾现象，而出现网络成瘾后又在一定程度上加重了抑郁倾向。

怎样避免"网络成瘾"

网络成瘾目前主要有心理治疗、药物治疗、综合治疗这三种治疗方式。

1. 心理治疗：心理治疗中主要是认知行为疗法与家庭治疗。

认知行为疗法分两个阶段进行，第一阶段侧重于行为矫正和设定，有助于避免复发的现实目标，要求网络成瘾者必须坚持记录自己每日的互联网登录行为（日期、持续时间、事件、在线活动和结果），旨在减少上网的时间，消除网络对患者的诱惑以及使患者能够控制自己对互联网的使用。第二阶段侧重于认知重组，旨在减少患者想要过度上网的想法，减少对现实的不适应认知。

家庭治疗对网络成瘾者，尤其是青少年网络成瘾者尤为重要。研究表明，与父母间良好的关系和沟通是避免青少年网络成瘾的保护性因素。不仅如此，家庭成员参与治疗也有助于青少年网络成瘾的康复。

2. 药物治疗：

目前为止，治疗网络成瘾的药物主要以抗抑郁剂和心境稳定剂为主。抗抑郁剂和心境稳定剂可以通过稳定脑组织中的神经递质从而起到调控情绪及控制冲动行为的作用。

3. 综合治疗：

综合治疗是一种多元治疗模式，通常集药物治疗、心理治疗、日常训练、互娱活动、社会体验等为一体。研究显示，综合治疗对戒除网络成瘾，恢复社会功能有重大帮助。

治疗已经是一种事后补救了，那么我们该如何预防身边的人成为像小李一样的网络成瘾者呢？综合前文介绍的网络成瘾的原因、危害以及上述的治疗方法，或许我们可以从以下几个方面出发：

1. 加强心理健康教育的普及。首先能够认清网络成瘾将对我们的生活造成何等损害，从而明白网络本身是一把双刃剑，我们要有选择地浏览那些真正对我们有用的信息；其次通过接受心理健康教育能够掌握一些自我心理调节的基本措施，学会自我开导；最后便是能够认清现实世界与网络虚拟世界是不同的，避免沉溺在虚构的幻想中。

2. 营造良好的家庭氛围。家庭成员要将目光与注意力多多放在彼此的生活中，了解他们在生活中的趣事和真正感兴趣的事物，而不是一味地关注所谓的成就目标，长此以往便能够更好地理解彼此的真实想法，增强彼此对自己的信任感。除此之外，家庭成员间也要起到榜样作用，能够正确使用网络，并将上网时间控制在一个合理的范围内。如果有家庭成员已经网络成瘾，其他成员也不应该只是一味指责，这样只会适得其反，相反要多采取包容的态度去对待他们，使得他们能够从家庭中获得归属与支持，从而减少对网络的依赖。

3. 加强社会支持力度。网络成瘾者之所以沉迷于虚拟的网络，归根结底是由于现实生活中的种种需要没有得到满足，这些满足包括情感上的需要、归属的需要、娱乐的需要等等。因此从网络成瘾者自身来说，应该多与家人沟通自己的真实感受，诉说真实的需求，同时将放松的方式扩展到除网络以外的其他途径，如登山、唱歌、跑步等；而从社会层面来讲，应出台相关政策，建立起相关机构，如专门的"网络成瘾者"服务热线，以此来增加对个体的社会支持，更好的预防网络成瘾的发生。

注：

①社会支持：使个体感受到被关心、被爱、被尊重，并且相信自己是社会网络中的一员。

②保护性因素：指那些能够阻止处于危险环境中的个体产生不良后果的个人的、环境的、情景的和事件的特征。从作用上看，保护性因素有能够修正、改善或改变个体对具有潜在适应不良的危险性因素（个人、家庭、学校和社会中可能导致或加剧青少年社会适应不良或偏差行为的因素以及社会心理事件）的反应的可能。

第三节
灰色角落——校园欺凌与抑郁情绪

河边企图自杀的曼曼

某日21点多,派出所接到市民电话称:某河边有一个十几岁的小女孩跳河自杀。警察迅速赶到事发地,所幸落水的少女已被路过的好心市民救起,并送至医院,脱离生命危险。

经调查,这位跳河自杀的少女曼曼(化名)是个刚上了半年多中学的初一学生,然而民警反复询问为何跳水自杀,曼曼都默默哭泣不说话。后来联系女孩的父母,父母对女儿自杀这件事非常震惊,称女儿一直都是个特别听话乖巧的孩子,要说亲子矛盾,也只是前几天感觉女儿花钱大手大脚的,所以骂了她几句。是因为被父母骂了所以选择跳河自杀吗?

经过调查了解,曼曼父母为了让女儿受到更好的教育,于是送她去了市里上初中,然而家里比较忙,没有人专门陪读,只能让曼曼在学校寄宿。曼曼是个性格内向、不爱说话的孩子，父母称我们也常常问她在学校过得怎么样，曼曼一直都说挺好的。然而曼曼在学校里却长期遭受着欺凌，她说班里的几个男生总是戏弄她，因为她长得胖，就总叫她"死胖子"，下课的时候踢翻她的椅子，推倒她的书，有时候还会直接把她的课桌掀翻，把书本往垃圾筐里倒。曼曼越反抗越严重，他们就会拿书打她，甚至拿椅子砸。曼曼都是哭，然后自己收拾好，并不敢向老师投诉。曼曼说：我长得胖，成绩还不好，从农村过来市里读书，一直很自卑，老师可能都喜欢那些优秀的学生。而且那些男生也威胁我敢告状就打我，有老师介入只会让他们变本加厉，他们整人的办法还有很多很多。一开始也有女生帮她说话，那几个男生还骂那个女生"关你什么事"，也没有人告诉老师，大家都怕惹麻烦，后来渐渐大家都当看不见，在学校也没人跟曼曼说话，觉得她每天哭丧着脸，天天就会哭，而且万一跟她说话也被欺负怎么办。久而久之，曼曼就在学校里独来独往，仿佛游离在整个校园家庭之外，觉得特别孤单。除了这些，那些男生还会要求曼曼每个星期交一点活动费，不给的话就带到顶楼威胁要打她。曼曼只能问家里人要钱，这次又问父母要的时候父母就骂她花钱大手大脚，曼曼觉得很委屈很压抑，没有人理解她，生活没有意义，整个世界都是灰暗的。当被问及为何不跟父母说被人欺负时，曼曼说也跟爸妈提过不想在市里读书，在市里读书不开心，想回家里中学读，但爸妈不同意，他们说"小孩子有什么开心不开心的，学习好才最重要"。而且爸妈为了让她上市里的中学都很辛苦，就想着自己忍忍吧。曼曼觉得她的生活变得越来越灰暗，活着特别累，于是就选择了跳河自杀。

像曼曼经历的这些引起青少年心理问题的校园欺凌在中国常见得令人难以置信。重复的肢体冲突、孤立都算校园欺凌。有研究发现，66.1%的男生和48.8%的女生同时遭受1种以上的欺凌。大部分受欺凌者不会主动向家长与教师报告来解决问题，或倾诉自己遭受欺凌的经历，而是采取隐忍和承受的不当方式，造成欺凌——受欺凌的恶性循环。遭受校园欺凌者其痛苦可以向内部转化，表现出自卑、低自尊、不合群等行为，从而发展成为焦虑或抑郁等心理疾病。另一方面，遭受校园欺凌的人会缺乏安全感，更具有攻击性，可能伤害他人甚至走上犯罪的道路。而最严重的后果是，欺凌行为可能导致被欺凌者开始关注并思考自杀，产生自杀意念，并增加其自杀行为的风险。一些遭受校园欺凌的孩子会试图求救，但对抑郁的错误认知让大人们错过了沟通和发现的机会，甚至让问题更加严重。

校园欺凌定义

2016年4月，《国务院教育督导委员会办公室关于开展校园欺凌专项治理的通知》将"校园欺凌"界定为"发生在学生之间蓄意或恶意通过肢体、语言及网络等手段，实施欺负、侮辱造成伤害的行为"。这是我国政府部门首次以正式文件的形式明确"校园欺凌"的概念。青少年校园欺凌是校园欺凌的一种，欺凌者个人或伙同他人一起对受害人实施排斥孤立、言语侮辱、肢体暴力、威胁勒索等行为，青少年校园欺凌的危害不容小觑，严重影响儿童青少年的身心健康，是世界范围内普遍存在的公共健康和社会问题。随着互联网的发展，有的欺凌者还将欺凌过程、欺凌照片发布到网上，对被欺凌者造成难以平复的身心伤害，甚至促使自杀行为的发生。

青少年校园欺凌的特点

1. 校园欺凌的主要行为

（1）身体欺凌：推搡、踢打、敲诈、勒索、挑事打架等；

（2）语言欺凌：取笑、威胁、恐吓、骚扰、起外号、散布谣言等；

（3）社交欺凌：冷暴力、孤立排挤、冷眼旁观等；

（4）网络欺凌：将别人的隐私、经过丑化的照片传到网上，在网上侮辱诽谤别人。

2. 青少年校园欺凌的原因分析

（1）青春期独特的心理特征

青春期的中学生身体处于快速发育阶段，精力和体力都比较旺盛，有时需要对外发泄自己多余的能量，但心理上还不成熟，有时为了"面子"将自己所遇到的挫折和不满发泄到他人身上。此外，有些学生本来就较为懦弱胆小，受欺负了也不敢吭声；还有些学生性格孤僻、不合群，这些人很容易成为被欺凌的对象。

（2）家庭的教育方式

家庭是个人社会化的最早场所，家庭环境和家长的教育方式对青少年健康人格的形成有重要影响。有些家长本身素质有限又忙于生计，无法在孩子的成长过程中给予正确指导，更有甚者，通过打骂孩子的方式宣泄自己生活和工作中的压力，致使青少年在早期家庭教育中没有养成正确的价值观念与行为方式。对青少年而言，父母过分严厉的教育方式，容易造成孩子缺乏安全感、攻击性强、野蛮粗暴。而对于父母离异、单亲家庭的孩子来说，他们往往得不到该有的关爱和教育，容易产生心理问题，当自身无法调节时，可能会通过欺凌的方式将这种情绪转移到他人身上。

（3）同伴团体的影响

人都有合群性，对于青春期的青少年而言，在团体里的归属感非常重要，在团体里他们能建立自信、加强身份认同，也能对抗来自其他群体的排斥和欺凌。但这种归属感并不稳定，当意识到自己在小团体中的地位受到威胁或明显感到自己地位较低时，就会产生一种强烈的不安感。为了改善自己的境况，青少年可能会通过欺凌他人的方式来向团体宣示自己的存在。

(4)大众传媒的不良示范

处于青春期的学生还没有形成正确的价值观,影视、图书、网络等大众传媒对暴力行为的大肆渲染,会增强他们的攻击性。再加上他们本身可能没有意识到自身行为的危害性,还会对欺凌行为进行炫耀,再次引起他人的效仿。

(5)学校道德教育缺失

当前我国的学校教育仍然没有摆脱应试教育的藩篱,把分数、排名作为衡量学生好坏的标准,忽视了对学生的道德教育、心理教育和法制教育。老师很少关注学生的身心健康,与学生之间缺乏交流与沟通,不能及时发现和处理学生在成长过程中的异常行为。

校园欺凌与抑郁

多项研究表明,遭受校园欺凌行为的中学生检出抑郁症状的风险是未遭受校园欺凌行为的2.57倍。受欺凌行为中,"被恶意取笑""被有意排斥在集体活动之外或被孤立""因为身体缺陷或长相而被取笑"的中学生检出抑郁症状的风险更大。其实无论何种形式的欺凌,长期处于其中,容易迫使受欺凌者退出主流社会群体,在同伴群体中被边缘化,极易产生内化及外化的心理问题,如抑郁、焦虑、孤独等,也会产生行为适应或外化问题,包括攻击和行为不良以及人际适应问题,主要表现为同伴拒绝。而孤独感是青少年抑郁的重要影响因素，不被同伴接纳比家庭带来的抑郁风险更大，它与抑郁直接相关。有研究者认为，个体遭受欺凌后会产生恐慌、社交焦虑、抑郁、孤独和低自尊，受欺凌的个体自尊心受到严重的伤害，存在感和自我价值感降低，一些受欺凌个体也较少采取向家长和教师报告的解决方法，生命意义感降低，会产生自杀意念甚至自杀等。

除了即刻产生的抑郁情绪等心理问题以外，经历校园欺凌者出现心理健康问题如抑郁、焦虑、注意缺陷多动障碍、行为障碍等的风险可持续至成年。一些追踪研究也表明同伴欺凌对儿童的心理——社会适应具有长期的负面影响，容易导致个体产生抑郁和孤僻的性格特点，存在人际交往和沟通障碍以及问题解决方式偏差等。

除了受欺凌者的抑郁水平较未涉及者显著提高外，部分欺凌者可能也存在各种心理问题。青少年的抑郁外在表现与成人略有不同，除了可能表现为情绪低落，也容易出现愤怒、易激惹的表现。他们在有心理问题或者面对压力时，倾向于用暴力来解决问题。欺凌者也可能因为缺乏与同伴正常交往的能力而用不恰当的方式进行人际交往，从而感受到来自同伴的排斥和拒绝，疏离的同伴关系也会让欺凌者产生抑郁等负面感受。校园欺凌不存在完全意义上的"局外人"，每一个旁观者都是校园欺凌的"参与者"。有研究显示，旁观者比未参与者抑郁水平高。可能是因为对目睹欺凌事件的旁观者而言，担心自己也可能会成为受害者；另一方面，对于未伸出援手的旁观者而言，未能进行干预而对受欺凌者产生内疚感，可能会加重抑郁情绪。

我们能做些什么

校园欺凌严重影响着儿童和青少年的生长发育和心理健康，引起了广泛关注。国家和教育部也针对校园欺凌采取了一些措施。国家《关于防治中小学生欺凌和暴力的指导意见》指出：对屡教不改、多次实施欺凌和暴力的学生，应登记在案并将其表现计入学生综合素质评价，必要时转入专门学校就读。对构成犯罪的学生，根据有关法律法规予以处置，区别不同情况，责令家长或监护人严加管教，必要时可由政府收容教养，或者给予相应的行政、刑事处罚，特别是对犯罪性质和情节恶劣、手段残忍、后果严重的，必须坚决依法惩处。教育部印发《防范中小学生欺凌专项治理行动工作方案》采取六项举措：全面排查欺凌事件、及时消除隐患问题、依法依规严肃处置、规范欺凌报告制度、切实加强教育引导、健全长效工作机制等开展防范中小学生欺凌专项治理行动。

除此之外，校园欺凌的防治是一个综合性的系统工程，需要学校、家庭和社会的共同努力。

1. 首先可辨别这些可能是校园欺凌的信号：

（1）身体伤痕，孩子身体表面无故出现的瘀伤、抓伤等人为伤痕；

（2）孩子鞋子、首饰、文具等个人物品经常丢失或破损；

（3）如厕习惯改变，比如孩子非得回家才上厕所；

（4）回到家常带着伤心、沮丧的情绪；

（5）任何形式的自我伤害甚至自杀行为；

（6）孩子非常不想上学，甚至逃学，装病请假；

（7）索要甚至是偷盗家里的钱物，来替换被盗的钱或物；

（8）拒绝谈论学校里的事情或与同学的关系，或闪烁其词；

（9）携带或试图携带"保护"工具（棍子、刀等）去学校，并且表现出"受害者"的肢体语言，如拒绝眼神交流、耸肩弓身等；

（10）失眠、噩梦、尿床等。

2. 针对校园欺凌中的青少年

青少年在校园欺凌中的不同角色与抑郁状况均是有关联的，不论是受欺凌者、欺凌者还是旁观者，抑郁水平均比未涉及者高。因此，在防治校园欺凌的工作中，首先要重点关注受欺凌的高危群体，加强他们的心理健康教育，并提供情感关怀和支持，提升面对欺凌的应变能力，干预引起的抑郁情绪及自杀意念，并在需要时进行法律援助；对旁观者和欺凌者，除及时进行思想道德教育和相应的警戒处罚措施外，也应密切关注其心理健康问题，深入探究他们的心理需求，及时进行疏导。

3. 校园欺凌中的家长

（1）被欺凌者家长：

父母应及时询问孩子在学校中的人际交往情况和同伴关系，倾听孩子在诉说过程中流露出的一些信息，及时向教师了解孩子在学校中的人际关系是否良好，是否存在欺凌他人或者受欺凌情况。青少年会因羞耻尴尬不愿谈论，要适时鼓励，让他们知道可以信任你，随时可以得到你的协助。如若你的孩子表露了情绪等心理问题，及时寻求专业的心理帮助。

（2）欺凌者家长：

了解你的孩子的真实想法，是否出现愤怒和易激惹等抑郁情绪或压力较大的不恰当表达方式；

避免让青少年收看有暴力的电视影片、卡通或玩暴力的电玩；

确保孩子没有受到家庭成员间的暴力行为的影响。

4. 从心理辅导角度进行预防和干预

建立心理健康干预机制，对卷入校园欺凌行为的学生进行心理干预与辅导。学校应开设专门的关于反校园欺凌的心理健康教育课程，做到事前预防、及时处理与事后辅导并举。学校应开放心理咨询室，定期开展反校园欺凌心理辅导，有计划地推动压力和情绪管理等课程，教育学生不要使用暴力去解决事情，教导他们遇到校园欺凌时该如何抵制与解决问题。

抑郁和自杀分别是欺凌产生最常见和最残酷的不良后果，可通过侧重干预校园受欺凌的抑郁情绪及自杀意念减少欺凌带来的危害。同时对于欺凌者，要主动发掘、迅速处置，要力求从根本着手，彻底解决问题。对欺凌行为中的旁观者也应给予重视和辅导，采取合理的方式保护和帮助受欺凌者，并防止自己遭受伤害，同时缓解因未能进行干预而对受欺凌者可能产生内疚感等情绪。

在家庭、学校和社会各界的共同努力下，让儿童和青少年树立对校园欺凌"零容忍"的态度，提高其心理韧性使其有效对抗校园欺凌和抑郁情绪。

第四节
望子成龙之殇——学业压力与抑郁情绪

小英这是怎么了

小英原本是一个阳光开朗的女孩,学习成绩优异,属于"别人家的孩子"。母亲是一名数学老师,对她的学习很重视,希望女儿能考上北京大学。小英除了每天完成学校老师布置的作业外,还要完成母亲布置的任务,做不完不能睡觉。小英一直成绩都很好,在班上数一数二,母亲也引以为傲。但当小英进入高三学期,母亲对小英的要求更高,布置的任务更为繁重,除了学习,不允许小英做任何与学习无关的事情,稍有逾越或者排名稍有下滑时,便大声责骂。随着高考临近,小英压力与日俱增,时常睡不着觉,感到疲乏无力,上课注意力不集中,每次考试时总是忧心忡忡,担心自己做错题目,每道题做完总是一遍又一遍地检查,学习成绩明显受到影响。母亲对此无法理解,整日抱怨责怪小英,认为小英不努力,辜负自己的心血。小英心情极度糟糕，常常偷偷流眼泪，害怕去学校，厌恶回家。学业压力和家里压抑的气氛让她无数次想逃离，甚至出现自残的行为。

原来是抑郁搞的鬼

小英母亲深感问题的严重性，带小英来到医院，经医生评估后，小英确诊为"抑郁发作"。小英抑郁发作的临床表现有：

（1）心境低落：小英由于学习成绩明显下降，母亲的不断责骂，心情极度糟糕。

（2）精力下降：总感觉自己疲乏无力。

（3）自信心下降：考试时总是忧心忡忡，担心自己犯错，反复检查。

（4）睡眠障碍：夜间总是睡不着。

（5）消极想法：出现自残行为。

小英出现抑郁情绪可能与以下因素有关：

（1）学业压力大：小英每天除了要完成学校老师布置的作业外，还要完成母亲布置的任务。

（2）家庭环境压抑：小英在家没有放松的时间，除了学习还是学习，尤其是高三学期。当小英未按照母亲的要求完成，便会遭到母亲的责骂。

（3）个性心理特点：小英面对压力时，个性比较脆弱，抗压阈值偏低，易出现情绪问题。

（4）情绪表达不完善：小英由于各方面都在生长发育中，一些情绪问题混杂在行为改变中，而引起其母亲重视的正是这些行为改变，如上课不集中、学习成绩的下降等等。当出现这些表现时，其母亲首先想到的是孩子偷懒了，没有认真学习的缘故，对其不断责怪，从而造成一个恶性循环，小英的情绪越来越差。

望子成龙之殇——被忽视的抑郁情绪

当今社会，每个家长都望子成龙、望女成凤，并为之做出最大的努力。而同样作为子女，背负着父母的期望，同时为了考入好的大学，毕业后有好的工作，成为父母的骄傲，不仅在学校努力学习着，还要参加各种补习班，努力提高自己的学习成绩。而对于这些望子成龙的父母，往往高度重视的是孩子学习成绩的好坏，学习成绩稍有下降，便打骂孩子，主观地认为是孩子偷懒，不认真学习所致，而孩子的抑郁情绪所致的学习下降父母往往是考虑不到的。其实，因抑郁情绪而出现学习成绩下降的学生不在少数。

针对儿童青少年抑郁情绪出现的原因研究较少，可能与以下因素有关：

（1）生物学因素：抑郁情绪具有家族聚集性，成人抑郁发作患者的子女的风险高于一般人群。儿童抑郁与五—羟色胺、乙酰胆碱、多巴胺、去甲肾上腺素等多种神经递质有关。

（2）气质和个性心理特点：有研究表明难养型气质和启动缓慢型气质特点的儿童容易出现情绪障碍。个性脆弱易出现情绪障碍。

（3）环境因素：家庭环境与儿童情绪障碍的发生密切相关。如果父母的人格特征、健康状态、教育方式等方面出现问题，均有可能增加儿童患情绪障碍的风险。此外，各种应激事件对儿童情绪障碍的发生也起一定作用，如：转学、父母离异、学习压力过大等。

儿童青少年抑郁情绪是由生物心理社会等多因素引起的，其中，学习压力占有一定的比例。21世纪教育研究院和社会科学文献出版社共同发布的《教育蓝皮书：中国教育发展报告（2018）》中提及中小学生抑郁自杀的主要原因中学业压力占26%。

对于儿童青少年来说，学习是目前主要的任务，而学习压力是每一个儿童青少年在学习中都会面临的问题，尤其是在面对父母的高期望时，儿童青少年的心理负担更重，学习压力更大，研究表明，父母的期望值与其子女心理健康的整体水平存在较强相关，父母期望值越高，子女的心理健康水平越低。虽然儿童青少年面临学习压力时，产生焦虑抑郁情绪是一种正常的反应，但只有适当的学习压力，才会激发个体的学习动力，取得良好的学习效果；长期的学习压力过大反而会给个体的生理以及心理造成不良的影响。

（1）生理上表现为眼睛疲劳、视力下降、头痛、胃肠不适、肌肉酸痛，以及失眠多梦等。

（2）心理上表现为焦虑、抑郁、易怒、记忆力下降、注意力不集中、反应迟钝、疲乏、厌学心理、逆反心理的滋生等。

长期的学习压力过大给儿童青少年带来沉重的身体和心理负担，当超过自己的承载极限时，便有可能出现一系列情绪问题，如抑郁情绪。有研究显示，学业压力与抑郁水平之间存在显著正相关，个体学业压力越大，抑郁水平越高。在日常生活中，由于儿童青少年正处于各方面的生长发育、知识积累的过程，抑郁情绪的表达并不如成年人那样典型，可能混杂在一些行为改变中，而正是这些行为改变更易引起老师和家长的注意，而忽视了孩子行为改变的根本原因——情绪问题。当发现孩子同时有以下行为中的几条，需高度警惕是否存在抑郁情绪：

（1）容易烦躁、发脾气；

（2）常常哭泣或流泪，感到悲伤或绝望；

（3）上课注意力不能集中，成绩下降，甚至逃学、厌学；

（4）不自信，怕说错话做错事，总是犹豫不决；

（5）异常疲惫；

（6）无活力，拒绝家人、朋友的沟通交流；

（7）对自己喜欢的事情缺乏兴趣；

（8）伤害自己，身上总是莫名出现伤口；

（9）怀疑人生，探讨生死，经常思考"人为什么活着"；

（10）各种身体不适，如头晕、疼痛、憋气、消瘦等。

对于"小英"们，父母应该怎么办

在日常生活中，如果出现本案例中小英的一些相似表现，父母需提高警惕，自己的孩子是否存在抑郁情绪，若有，可从以下几方面入手：

（1）积极与孩子沟通交流，和孩子一起寻找原因。若发现孩子的确存在情绪方面的问题，首先要接受孩子有问题的事实，不能讳疾忌医。因为孩子的心理问题严重程度，远远超乎想象。不能想当然地认为孩子还小，不会得这种病的，只是学习压力大而已，等度过这段时间，就会好的。

（2）及时带孩子至医院就诊，早诊断，早治疗。家长可能会觉得去医院给孩子贴上疾病标签，孩子这辈子就完了。这种想法其实是欠考虑的。抑郁情绪需要早点治疗和干预，如果没有及时处理，只会让问题越来越严重。

（3）平时的生活中，父母要细心观察，耐心陪伴。多抽时间和孩子聊聊天，听听孩子的心里话，不能光靠打骂来处理，这样可能会适得其反，造成孩子厌学、逃学。

（4）根据孩子的情况，给予合适的期望。学会给孩子适当的个人空间。

（5）培养孩子其他兴趣爱好。多进行抗挫训练，增强孩子的抗压能力。

对于"小英"们，学校应该怎么办

（1）"小英"们正处于学习知识的阶段，大部分时间都是在学校度过的，老师跟他们的相处时间最长，学校需要对老师进行心理知识的培训，让老师们能及时发现"小英"们的心理问题。

（2）当老师发现学生出现不同以往的行为表现时，如上课不专心、学习成绩下降、容易跟其他同学发生冲突等，不能简单粗暴地认为是他们变"坏"了，需耐心与其沟通交流，及早发现出现这些行为表现的原因，帮助这些学生解决问题，恢复以往的状态。

（3）开设心理相关课程，给学生提供一些调节情绪的方法。定期进行心理评估，及早发现出现心理问题的学生，并进行心理干预。

（4）注重素质教育，不将学习成绩作为评判学生好坏的唯一标准。

（5）学校可以开展一些兴趣班，如音乐班、舞蹈班、书法班等，让学生们劳逸结合。

第五节
家庭之殇——父母教养方式与抑郁情绪

越来越沉默的蓉蓉

诊室内，神情痛苦的中年爸爸对心理科医生说："我也不知道该怎么办了，现在的小孩子都这么难教育吗？她妈妈工作都辞了，租了个小房子在学校旁边陪她上学，可不但小孩成绩没提升，现在她们两个的关系还更不好了。孩子妈妈说孩子在家一句话都不跟她讲，跟她说话也不搭理，我问孩子，孩子说她觉得特别压抑不想活了，她才十几岁啊，怎么会有这样的想法呢？"

据了解，来访者的女儿蓉蓉（化名），今年上初三了，一直是住校的。为了能让孩子考个好的高中，蓉蓉的妈妈在学校旁边租个了小房子，当起了陪读妈妈。可几个月来，蓉蓉的成绩不但较之前下降了，而且母女关系越来越紧张。蓉蓉爸爸说："我一直在外面打工，蓉蓉妈妈在家做点小活，平时觉得孩子一直都很听话很懂事,想着今年初三了,跟蓉蓉妈妈商量后决定,她就辞职专心陪孩子读一年,没想到两个人闹成这样。"

在耐心跟蓉蓉沟通了解后发现,蓉蓉一直跟妈妈关系不亲密,她说妈妈眼里都是别人家的小孩,妈妈在家总说谁谁家的孩子多好啊,成绩好还开朗活泼,还会朗诵,还去当小记者,不像我总是躲在人群后面,说个话声音小得跟蚊子似的。蓉蓉一直觉得妈妈不喜欢自己,从小到大都是被批评的,什么都没有别人家的孩子好,在妈妈嘴里听不到一句表扬肯定的话。今年妈妈陪着读书,一开始蓉蓉还觉得挺开心的,因为这也代表着妈妈是关心自己的,因此越发努力,成绩进步开心地跟妈妈分享的时候,妈妈却说,"进步是应该的,要不是我在这天天看着你,你能考得好吗"!蓉蓉听了这些话神情落寞,分享的喜悦消失不见,越来越沉默,也没有了再跟妈妈分享学校生活和心情的想法。可能初三学习负担重,蓉蓉近两次的月考成绩下降,蓉蓉妈妈再次数落蓉蓉:"我都为了你辞职专门伺候你,你还学不好对得起我吗?"本来蓉蓉就觉得内疚自责,听着妈妈跟她说为了陪读不能上班赚钱、每天租房子花销多大、蓉蓉学习还不好多对不起父母等这些话,更觉得喘不过气,在妈妈身边觉得十分压抑,经常晚上无法入睡,而且觉得自己真地努力学习了还是成绩下降,十分没用,就有了不想活的念头。

导致青少年抑郁发生的危险因素有很多,故事中蓉蓉的抑郁情绪与其家庭密切相关。蓉蓉妈妈本身这种喜好打压、拒绝鼓励的教养方式,就极容易让孩子缺乏安全感,后来更因为辞了工作陪读,不停地向孩子哭诉自己的不容易,就会容易让孩子产生自责、自罪的感觉,引起抑郁情绪,严重的甚至会带来自杀等不良后果。

家庭是青少年精神支持的发源地,在满足其生活成长的需求时,也会影响生理和心理的发展,同时也是青少年社会支持系统的核心部分。家庭的教育对青少年身心发展的重要性不言而喻。依恋理论认为,父母的教养方式在青少年子女的认知和情感发展中发挥着不同的作用,与个体心理健康水平有着密不可分的关系。国内外有许多证据显示,青少年抑郁的发病与父母教养方式有关,健康的教养方式是青少年良好情绪的重要保证,能有效降低其产生抑郁的可能性。不良的家庭教养方式(如专制型、忽视型)会带来更多的亲子冲突,与父母发生冲突次数越多的青少年其表现的抑郁问题也越明显。

父母教养方式的定义与类型

父母教养方式在孩子的心理发育和人格形成中有着举足轻重的地位,它是指父母在对子女的抚养和教育活动中所表现出来的一种对待孩子的相对稳定的行为模式。父母教养方式是父母的教养观念、教养行为及其对子女情感的一种组合形式,它不随情境的改变而变化,反映了亲子交往的实质。研究者认为父母教养方式是一种多维度、多层次、多形式的行为风格，既具有历史继承性，又兼具时代性和现实性。父母教养方式是指父母亲对子女的教养行为、教养态度以及隐藏在其后的父母亲的人格特质的综合表现。

父母的教养方式对青少年的心理健康有着重大影响。父母过多使用严厉惩罚、过度干涉和缺乏情感温暖的教养方式与青少年抑郁症的发病有关；母亲的拒绝、否认，父亲的过分干涉都能预测青少年的抑郁水平。

教养方式领域最为人知的研究，就是美国心理学家Baumrind等研究者对年轻父母及他们的学前期儿童所做的早期研究，其对样本中的每一个儿童都在家庭和幼儿园中进行了多种情境的观察，还访谈儿童父母，观察了他们在家中与孩子的相处表现，由此得出三种类型（权威型、专制型和纵容型）的教养方式。权威型是既有控制又有变通的教养方式，父母通常会对孩子提很多合理的要求。他们会认真地说明为什么要服从他们所设的限制，并确保孩子遵守这些原则，这类父母对孩子的观点更为接纳，反应也更为敏感；专制型是一种严格限制的教养方式，父母设定过多规则，并严格要求孩子遵守，很少向孩子解释遵守他们所设规则的必要性，且时常采取惩罚、强制等方法以获得顺从。这类父母对孩子持有的与自己相左的观点不敏感，且期待孩子把自己的话当作金科玉律、尊重自己的权威；纵容型是一种接纳但过于宽容的教养方式，孩子很少有从父母那里得到必需要遵从的要求，放任孩子表达感受和过分的需求，不会密切监控孩子的活动，也极少严格控制儿童的行为。

父母教养方式与抑郁情绪

一项对初中女生情绪与父母教养方式的研究发现，专制型教养方式下的青少年女生产生的抑郁焦虑最多，远远多于放任型和民主型教养方式下的女生。专制型的父母从自己的意志出发，强调子女对父母的绝对服从，过分干涉子女的自由并对子女使用惩罚等高控策略，在这种情况下亲子冲突发生的频率较高。放任型和权威型教养方式下女生的抑郁焦虑又明显多于民主型教养方式下的女生。权威型父母通常对子女抱有很高的期望，同时非常关爱孩子。而越来越高的期望值和越来越多的关爱会形成一种矛盾的教养方式——对孩子要求严格苛刻、施加各种压力的同时，对孩子的要求百依百顺。这种过高要求和过度保护正是权威型教养方式的特点，它会使孩子生活在一种强制和溺爱共存的家庭气氛中，更容易产生抑郁焦虑等不良情绪，并且容易造成孩子任性、自私的性情。而教养方式的另一极端——"不管不问"的放任型教养方式同样不利于孩子的身心发展。青少年面对沉重的学业压力、寻求群体认同的压力和青春期生理的巨大转变，经常感到莫名的紧张与焦虑。如果此时父母非但没有对孩子的烦恼加以理解和关心、给予正确的引导，反而对孩子的情感需要缺乏有效回应，会使孩子无法感受到来自家庭的温暖，并且认为自己无力控制事情的发生或结果，从而表现出自卑、抑郁、孤僻、沮丧等负面情绪。

另一项针对抑郁青少年与正常青少年父母教育方式的研究表明，病例组青少年的父母多采取消极严厉、拒绝和过度干涉的教养方式。相关分析进一步发现青少年抑郁与父母双方情感温暖、理解等因子之间存在显著负相关，与父母的惩罚严厉、拒绝否认、过度保护等因子存在显著正相关。这进一步提示了父母的教养方式或许在青少年抑郁的形成方面起到一定的作用。根据埃里克森的人格发展理论，青少年处于自我同一性和角色混乱的时期，父母过严的教养行为可能会引起青少年的情绪发展不稳定。当今社会快速发展，青少年的学业压力水平也不断提高，在此情形下，父母过严或过度干涉的教养方式会降低青少年的自我控制感和效能感，增加青少年的心理压力。青少年性格叛逆，渴望平等和自由，不希望父母过多的干涉自己。父母过多的干涉和管教容易限制青少年实践能力的发展，增加青少年的逆反心理，使其产生低落情绪和绝望心理，这些都是抑郁的潜在特征。同时父母的拒绝否认，也会使青少年产生自卑感和对自我能力的不认同，使他们体验到无价值感和无用感，更容易诱发抑郁等心理问题。

我们能做些什么

青少年时期人体生理和心理均处于高速发育阶段，心理较为敏感而脆弱，更容易受到各种内在和外在因素的影响，产生剧烈的心理冲突。当这些冲突不能被很好地解决时，包括抑郁在内的各种心理问题便会随之产生，严重者甚至产生各种精神障碍。青少年抑郁的预防及控制，不仅是精神病学的研究范畴，也是心理学需要探讨的问题。在药物治疗抑郁症状的同时，更应从个体的心理与社会环境的层面入手，帮助个体提升幸福感。

家庭是个体接触的第一个环境，父母是孩子所有言行的模板。所以，建议父母应为孩子创建一个自由温馨的成长环境，营造和谐包容的氛围，多学习采取科学、积极、有利于孩子成长需要的教养方式，无条件地关注孩子，根据孩子心理发展的实际，调整期望值，不要盲目地把发展目标定位于成绩第几名、会多少技能等功利性的目标上，让青少年可以轻松愉快地成长，培养健康的心理，为其一生打下良好的基础。

放任、不一致、溺爱等消极的教养方式是青少年多种行为问题产生的重要影响因素。如果父母过度关注和保护孩子，或者经常忽视孩子的要求，对孩子的反应缺乏敏感性，当孩子出现错误时才给予注意或表现出生气、失望、难堪、内疚等情感反应，则孩子表现出任性、反抗、挑衅、攻击性行为和社会性退缩行为的概率很高。对于溺爱型的父母，要在尊重孩子的基础上，适当给孩子一个独立成长的空间，并且根据孩子身心发展实际制定适合孩子发展的准则和规范，并督促孩子遵守，如果孩子表现较好，父母要给予适当的鼓励和表扬；相反，如果孩子表现不尽如人意，父母要用批评或指责的方式予以纠正；对于放任型的父母，要多些责任感，尽可能地花些时间和心思在孩子身上，要在生活习惯、日常行为习惯等方面给孩子以适当的指导和关注，在情感上也要给孩子以恰当的关注和引导，让孩子心理上能感受到来自父母的关注和温暖；对于教育方式不一致的父母，双方就孩子的养育问题要经常性地进行沟通交流，达成共识。

有研究表明，正常青少年的家庭，父亲积极教养方式显著高于青少年抑郁障碍患者家庭。所有的孩子都是由父亲和母亲结合而生的，两者在儿童成长过程中都扮演着同样重要的角色，有人认为父亲被视为"在儿童的健康发展被遗忘的人"。心理学家格尔迪说过："父亲的出现是一种独特的存在，对培养孩子有一种特别的力量。"与母亲相比，父亲对孩子的影响最早、最持久，是家庭中最不可缺失的教育力量。所以家庭中，父亲作为家庭中主要成员之一，责任也很重大，建议父亲能改变"男主外，女主内"的落后思想，尽可能多地抽出时间参与到教育孩子的过程中来，多和孩子进行沟通和交流，多采用情感温暖与理解的教养方式。让孩子感觉到心理上可以亲近，做一位不仅能够给孩子创造良好物质条件，也能给孩子创设一个良好精神环境的父亲。

父母亲积极教养方式对青少年心理自我概念、家庭自我概念起着重要的作用，抑郁障碍青少年比正常青少年更内向、情绪不稳定、对待人际关系更冷淡，说明父母亲采取消极的教养方式使青少年的人格不健全，进而对自己各方面不满意。所以建议父母亲多采用积极的教养方式，创建轻松温暖和谐的家庭氛围，给予青少年优质的环境，形成健康的人格，温暖积极的教养方式，会增进亲子之间的互动和交流，利于青少年心理压力的宣泄和表达，提高青少年的自尊水平，培养良好的人际相处能力，使其对自己的家庭环境、家庭关系满意，从而实现他的自我价值。

若父母在亲子关系中发现青少年有抑郁等情绪，应及时寻求专业人士的帮助。在青少年抑郁患者的医疗中，心理咨询师和精神科医生应注意对抑郁障碍青少年、家庭成员及家庭关系进行干预，调整三者间的关系，进而提升青少年抑郁患者的自我概念。

第六节
病耻感所致抑郁情绪

难以启齿的病情

如果我不幸患有某种重大疾病,那我是否还保留获得幸福的权利?26岁的凌凌对此深感怀疑。凌凌是一位乙肝患者,也是预计国庆步入婚姻殿堂的幸福女孩。但是就在结婚前夕男友知道其是乙肝病毒携带者表示要取消婚礼。乙肝病毒一般不会通过消化道和呼吸道传染,所以在凌凌成长的过程中依旧可以正常享受父母的疼爱、朋友的陪伴。她曾经一度已经忘记自己患者的身份,忘记自己在最初步入社会,求职就业过程所遭遇的排斥和歧视,以及种种不公,她以为善良大方深爱自己的男友可以接受自己的一切。但是尽管科学表明双方在采取一定措施情况下可以避免传播,男友还是对凌凌表示拒绝。遭受挫折的凌凌决心孤独终老,不再恋爱、不再谈婚论嫁,本来就是不幸的自己不能将疾病的风险带给另一个家庭。

出于对自己的生命安全的考量,疾病传染的可能性让人们产生强烈的恐惧。但是刨除这一类传染性疾病我们发现最让人难以启齿的其实是心理疾患。

13岁的小丁在父母的陪伴下已经辗转北京、上海、南京等多个城市的大型医院的各个门诊科室,但是对于小丁的病情依旧无法做出明确的诊断和治疗。最后,小丁的妈妈无奈接受专家建议转介到精神科就诊。由于当时小丁已经出现明显的幻觉、妄想、思维紊乱等症状,最后经过仔细问诊确定为精神分裂症,并接受住院治疗。听到就诊结果的父母无法相信从前那么乖顺、学习成绩优异的儿子竟然是"精神病"。医生了解既往史的过程中发现小丁的父母在更早以前就已经察觉到小丁的异常,但是由于难以接受事实,所以他们一直拒绝带小丁确诊,以致情况恶化,耽误治疗。

上面两个案例中的不同情况都涉及一个问题,就是患者本身或其家属对患病感到的羞耻,一般称为病耻感。根据以往调查显示患有精神类疾病、传染性疾病和隐私相关疾病的患者往往是病耻感的重灾区,这些疾病的患者容易出现羞愧、自卑的情感诉求,还会产生抑郁、焦虑、自卑等不良负面情绪,已有研究表明病耻感和抑郁存在正相关关系。

案例一中提到的乙肝是首位传染性疾病,中国亦是乙肝大国。据数据统计,当前乙肝患者超过一亿。患有传染性疾病的患者往往因担心他人对自己的恐惧和排斥而产生较大的病耻感，表现为不愿让他人了解自己的病史、极力隐瞒症状表现、减少就诊次数、拒绝社交亲密接触等。而精神分裂症虽然不会传染，但是患者及家属往往也是对病情三缄其口。过往的研究表明，精神疾病中精神分裂症患者病耻感最为强烈，其次就是抑郁和双相情感障碍。由于生物学上的基因遗传相关研究表明精神障碍具有一定的家族遗传倾向，加之传统文化的抑制导致患者家属也会产生连带的病耻感，正如小丁的父母一样。社会公众对精神障碍的固有印象：不可控的暴力倾向、社会危害性导致人们对其回避拒绝。

想要伪装的"健康人"

每一个患病的人或许曾经都不是脆弱和有过错的人，但是却因此感到强烈的羞耻和自责。在一次抑郁症患者的访谈过程中，当事人提到的一句"只要我伪装得足够好，所有人就可以被隐瞒得很好"让人印象深刻。病情成为患者难以启口的秘密。朋友、家人所带来的不理解，社会公众的每一分歧视所带来的羞耻感都在削减患者挣扎向前的决心和意志。在求治的道路上，最大的阻碍不是来自患者本身对疾病的恐惧，而是周围人有失偏差的评价和社会异样的眼光。在医护人员竭力拯救的过程中，这份根深蒂固的羞耻感却在拼命阻止。

我为我的疾病感到羞愧

由于患者病耻感的存在严重影响到患者就医的及时性、积极性、治疗依从性等实际问题的存在,病耻感逐渐成为影响公众健康的重要影响因素。在1963年,社会学家Goffman首次提出病耻感的概念。随即后来美国精神病协会在1989年召开主题为"克服病耻感"的年度会议,有关病耻感的研究逐渐引起研究者的关注。

目前病耻感(stigma)定义为对疾病的负性情绪体验以及由此产生的消极行为反应,可分为公众病耻感和自我病耻感。公众病耻感是指社会群体对患病群体持有的刻板印象(如:危险、无能、花痴、疯子等),以及由此产生的情绪行为反应(如:恐慌、歧视、回避、驱逐等)。而自我病耻感是患者将公众病耻感内化所产生的情绪行为反应(如:抑郁、愤怒、隐藏、回避等)。病耻感作为一种负性情绪体验,对患者的治疗依从性及心理、社会工作和生活造成了严重影响,这些影响又间接增强了患者的内化病耻感,从而陷入一个恶性循环之中。

产生病耻感的患者一般会有以下四种表现,也是Jones提出的病耻感四要素:

1. 隐瞒:患者会向自己的朋友或者同事隐瞒自己的病情、症状表现,日常交往工作过程会努力呈现正常状态。

2. 回避：如案例中的情况一样，在实际的生活中不仅是患者本人的回避，甚至其家属也会因为文化社会原因尽量对他人采取回避隐瞒的态度。比如，有人问起小丁的病情，其父母或许只会说孩子是学习压力太大，休息不好，而不会承认是已经诊断精神分裂症的症状表现。

3. 难以消除：是指公众病耻感有长久的历史文化积淀作用，自我病耻感一经内化到自我概念中也难以消除。

4. 掩饰：病耻感的存在，让其在公开环境中会感受到羞愧难堪的情绪，所以为了掩饰尴尬通常会掩饰自己的行为表现。

如何理解病耻感

常言道："人食五谷孰能无疾。"生活中，人们理所当然地接受生理上的病痛，却努力忽视心理的不适。心情低落，抑郁难受被指责为矫情、软弱；确诊精神障碍被误解为登高而歌，弃衣而行的疯子，无奈接受他人的鄙夷和嫌弃；如果自身携带传染性病毒，无论是交友还是求职更是让人避而远之。人们对于疾病片面错误的认识形成了对患病群体的刻板印象。

人们通常认为传染病患者是危险的，性病患者私生活是混乱的，精神障碍患者是失控暴力的。由于刻板印象的固化，人们不可避免地产生各种偏见。一些行为异常类疾病，如脑瘫、癫痫、肢体残疾等等。因为疾病的原因，这些患者的行为举止很可能与普通大众不同，导致外界投来异样的眼光，从而让患者甚至包括他们的家属产生病耻感。不加思考地接受对于这类群体的负面评价和消极情感，最后，偏见导致歧视的产生，使其在生活的不同情境下受到不公的待遇。在20世纪90年代末，Link等人在美国进行的有关公众对精神疾病患者的态度调查，结果显示，近千人的样本中超过60%的人不愿与分裂症患者交往；近半数人排斥与抑郁症患者交往。后继研究者相关研究获得同样结果。

接下来将从Link的角度说明自我病耻感是如何内化而生的。就像案例一中的凌凌，我们如何理解遭受拒绝之后对疾病产生的重大态度转变。Link认为当患者被贴上疾病的标签，也就承担了社会这一群体的刻板认识，继而内心产生孤立无助、地位丧失、绝望沮丧的感觉，羞耻感就此产生。

生病的患者和平日健康的自己或许最大的不同是失去一种对生活、对自我管理的控制感，甚至对自己的情绪和行为失去掌控力，不知道自己在何时何地会有症状表现并同时给他人带来不适。患者在生病治疗过程中面临着极大生理、心理上的负担和经济的压力，心理弹性水平严重减弱，再加上长期处于回避、应激的状态下，情绪不能得到合理的疏解，更容易感知到公众或自身对疾病的歧视和排斥，会进一步降低患者的自我评价，出现认知、情绪和行为的变化，如内化歧视经历，接受刻板印象，产生低自尊、自我效能感降低等消极情绪和社会孤立、治疗依从性差等行为。长久负面情绪的累积逐渐引发抑郁焦虑障碍。此外，在实际的生活中并不是所有的患者都会被善待，经年累月的病情恶化和巨额的治疗费用，家人夜以继日的辛苦照料，生活水平下降和现实窘况都在提醒，我们是否可以放弃。可是家属不能卸下责任，左右为难的境地让他们也会在漫漫求医路上一点点磨灭耐心和希望。最后甚至有的家人会抱怨、会恶语相向，情绪价值付出的怠惰会造成不必要的伤害。这不仅是对患者身心的打击和摧残，人格和自尊的蔑视更是病耻感和负面情绪的主要影响源。

传染性疾病很容易引发患者病耻感，因为疾病的传染特性，他们对自己有过高的"过错感"，对社会背负"责任"，从而导致产生精神压力。在以艾滋病为代表的传染性疾病研究中发现，此类患者的心理健康问题较为明显，其中以抑郁和焦虑情绪最为普遍，严重的患者可能产生轻生的念头采取自杀行为。而且追踪研究表明，患者的精神症状表现随疾病的恶化加重。因为此类患者除要承受疾病带来的躯体疼痛，也要忍受他人对自身的歧视和偏见。长久以往病耻感所带来的慢性压力，以及病耻感导致的患者工作生活表现水平下降综合影响，导致患者抑郁情绪的产生。同样，在精神分裂症的干预研究中也发现高病耻感的患者更容易有孤独的体验，具有较低的自我接纳和自我效能感，这不仅影响预后和治疗同样容易引发情绪方面的并发症。

病耻感是患者患病期间的一种深刻持久的负性情绪体验，我们对其产生的心理机制做了简要说明，更为广泛深入的研究中也探究到影响病耻感发展程度的因素包括：（1）受教育程度：研究表明，受教育程度低的患者及家人，由于知识的缺乏，更易产生病耻感；（2）文化背景：中国人深受儒家文化影响，患者和家属容易产生连带病耻感；而西方更常见的是由伴侣承受连带羞耻感；（3）病程长短：病耻感一般出现在病程长、难度大的重慢性疾病上，短时间容易康复的疾病不容易产生病耻感；（4）人格特征：性格内向、敏感的患者病耻感更为强烈；（5）社会支持：社会整体文明程度越高，患者获得的社会支持越多，病耻感越少。反之，来自社会面的歧视越多，病耻感越强；（6）收入较低或失业的患者更容易遭到歧视和偏见，而产生自卑等负面情绪。

病耻感的危害

1.影响就业：病耻感是阻碍患者就业的重要因素。雇主可能认为患者的工作能力和表现是有限的，并可能对其他员工、顾客或他们自己产生威胁，从而拒绝录用患有相关疾病的人员。而患者本人也会因为患病而怀疑自己的工作能力，在职场上表现出退缩和恐惧。

2.影响求医行为和治疗依从性：当人们因"病耻感"而感

到自卑，觉得自己生病就是一种"耻辱"，一种无法对外界言说的东西，因而不愿去医院就诊。特别是一些与性隐私相关的疾病总是容易让患者背负上道德的枷锁。中国传统文化有一些相对传统和保守的因素，不少患者（不论男女）遇到类似问题最开始都是尽量自己想办法买药吃药，而不是第一时间上医院。疾病导致的耻辱体验，会让患者产生社会退缩、隐瞒疾病、自行停药、拒绝就医等消极行为，降低患者治疗依从性，将严重影响患者的康复。比起其他人群，青少年更为抗拒接受专业的心理帮助，病耻感被普遍认为是阻碍青少年求助行为的最主要障碍。

3. 可能增加自杀的风险：具有较高病耻感的患者具有更高的自杀企图，可能会增加抑郁症患者自杀的风险。高病耻感水平往往会增加青少年心理疾病的发病风险，与低病耻感水平的同龄人相比，他们因自杀和意外伤害导致的死亡率更高，给社会造成了沉重的负担。

病耻感也需要治疗

病耻感会对患者的生活、治疗和自尊心等产生消极的影响，降低生活质量，减少求医行为，甚至会增加自杀率。因此，如何降低患者的病耻感至关重要。

1. 加强对公众的科普宣教：现实生活中，对疾病的偏见比比皆是，精神疾病=危害社会，艾滋病=同性恋，性病=滥交……明白这些都是偏见，需要掌握一定的科普知识。因此需要积极采取各种干预宣传手段向公众传播正确的信息，提高公众和患者对疾病的正确认知，消除大众偏见，降低患者病耻感，使患者正视自己的疾病，帮助他们努力回归正常的人际交往状态。

2.真诚接纳和合理求助：患者及其家属可以在适度安全的范围里告知一些朋友或者亲人自己的情况，表达一些内心的真实感受，周围的人多一些理解和接纳，积极向患者营造一种社会接纳的态度，进而消除患者的社会歧视感。鼓励患者积极在专业医院求治，了解疾病相关知识和药物知识，积极配合治疗。就自我病耻感来说，由于长期羞愧自卑的心理可能导致抑郁、孤立的心情，此时专业的心理咨询、团体心理辅导、认知行为治疗、正念训练减压法等积极心理干预具有明显效果，能有效减低患者病耻感，减少自尊的减退，提高心理应激水平，增强患者参与社会心理治疗的积极性。

3.医生需关注病耻感，给予适当干预：临床诊疗中，专业人员要加强疾病的健康宣教，提高对患者病耻感的识别，一旦发现，需及时帮助患者意识到自己的不合理信念，提高疾病管理技能，增强自信心，学会肯定自我价值，减少病耻感。

4.良好的社会支持水平：没有人是一座孤岛，社会支持是患者获得幸福感的重要因素，有助于患者采取积极的方式应对疾病带来的身体、心理和生活改变,督促患者病情恢复后维持正常的工作和学习,回到社会的环境中,在劳动实践与社交活动中获得成就感,增强应对能力,提高对生活的兴趣和信心。

综上所述,病耻感是涉及社会学、医学和心理学多门学科的复杂现象,特别是在当今信息媒介较为便利的年代,病耻感问题的存在已经对患者的康复和生活质量产生重大影响,在未来医学和社会发展的过程中,不仅是专业医疗技术的前进,更是接纳包容开放的态度的提升。患者的康复需要的不仅是一味药的疗效,更是一份真诚地接纳。

第三章

成人常见的抑郁情绪

—— CHENGREN CHANGJIAN DE YIYU QINGXU ——

第一节
生理期"怪病"

都是"大姨妈"惹的祸

女性月经俗称"大姨妈",正常的"大姨妈"是女性生理健康不能缺少的"贵人",但是对于30岁的Lily来说,她的"大姨妈"简直就是让她痛不欲生的"霉人"!因为每个月"大姨妈"来前1-2周总会让Lily感到心烦气躁,莫名的胸胀、腿肿、头痛,这些不舒服的症状从青春期就开始困扰着她。那几天情绪不稳定的她,成了家人和同事眼里的"炸药桶",避之不及,因为芝麻绿豆大的小事都能挑起Lily心中的无名之火。不仅如此,Lily还觉得特别乏力,原先热衷的Party、shopping统统都没了兴趣。就这样时而暴躁,时而默然的情绪让Lily的学习、工作、爱情、人际关系都受到极大影响。虽然在"大姨妈"来后Lily情绪会自然好转,但月月如此,依然让她内心痛苦不堪。在看过多次妇科、中医均不能彻底缓解好转后,Lily

情绪"崩溃"了。特别是最近几个月,每次到了经前期 Lily 就忍不住哭泣,感觉世界末日就要来了,自己在令人恐惧无边的黑暗胡同里走不出,"这样痛苦不堪、无望的人生何时是个头呀"！Lily 甚至有了早点解脱的可怕想法。

生活中像 Lily 这样深受"经前期综合征"困扰的女性不在少数,每逢生理期前反复出现的精神、躯体、行为的不适带给她们极大的痛苦,而面对不适症状的恐惧和焦虑又加剧了这些症状和痛苦,最终形成了一个"死循环",严重者甚至诱发自杀倾向,极大地影响了她们的正常工作与生活。因此研究者希望了解导致"经前期综合征"的原因,并制订最佳的治疗方案,缓解 Lily 族的症状,减轻痛苦。

什么是经前期综合征

经前期综合征（premenstrual syndrome，PMS）是指育龄女性在月经前 7-14 天,即月经周期的黄体期间,周期性地出现躯体、情感、行为等方面发生改变的综合征,主要表现为烦躁易怒、精神紧张、水肿、腹泻、乳房胀痛等一系列症状,有些人还会出现头痛、失眠、注意力不集中、疲乏无力等症,通常可持续数日至两周。这些症状在个人日常生活和工作中的表现轻到重度不等,严重者甚至能达到抑郁障碍标准。经前期综合征已成为育龄女性的常见病、多发病,且越接近绝经期（月经停止时），症状可能会变得越严重以及持续时间越长。

从流行病学数据来看，95%的生育期妇女都出现过经前期综合征，其中大约50%-80%的女性为轻度，约20%的女性情况严重需要接受治疗。根据相关研究，超过一半的女性经前期综合征问题可追溯到青春期，接近1/4的症状明确始于青春期初潮开始后，而重度PMS症状高发于20岁左右。

目前经前期综合征的病因尚不明确，研究认为这些症状可能与精神因素、激素失调或神经递质异常有关，可能的生理因素包括以下4种：

（1）激素失调：发育成熟的女性在排卵后会进入黄体期，此时会出现明显的激素水平波动，雌激素水平下降，黄体酮升高，部分对激素变化敏感的女性会因此出现慢性心理、躯体反应。

（2）神经递质的稳定性：PMS患者通常具有较低的5-羟色胺水平。研究发现运用抗抑郁和抗焦虑药物下调5-羟色胺和γ-氨基丁酸（GABA）能够改善经前期症状，说明这些神经递质在经前期症状中发挥重要作用。

（3）遗传倾向：经前期综合征可能有家族史。

（4）镁和钙的不足。

也有研究认为PMS属于心身疾病。人格、应对方式等社会心理学因素是诱发经前期综合征的重要因素，可能的社会心理因素有以下3点：

（1）人格特征：较高的情绪不稳定性、较多的负面情绪以及较高的内向性都与PMS的发生及其严重程度相关。

（2）人格障碍：相比于无症状的女性，存在严重PMS症状的女性具有更高的人格障碍患病率，这表明人格障碍与PMS之间存在相关关系。其中强迫性人格障碍是PMS患者中最为常见的人格障碍，患者中较多呈现强迫性人格特质。

（3）应对方式：个体面对挫折和压力时的应对方式决定着应激反应的性质与强度，因此应对方式可能是刺激和疾病之间的中介因素。不当的应对方式可能会造成更高的心理压力，从而影响到患者PMS症状的出现与严重程度。

前面提到的Lily，随着年龄的增长，她的经前期综合征会越来越严重，抑郁情绪也将越来越突出，需要针对性治疗改善症状。研究表明，对于患有PMS的女性，若不进行早期干预，约3%-10%的患者会在十年内症状逐渐加重，最终进展成经前期焦虑障碍（premenstrual dysproric disorder，PMDD）。经前期焦虑障碍已被美国精神障碍诊断与统计手册第五版（diagnostic and statistical manual of mental disorders，5th Edition，DSM-5）归为抑郁症范畴。相较于PMS，PMDD更为严重，主要是情绪症状占主导地位，引起的症状令人非常痛苦，严重影响日常活动或整体功能，且经常没有明确的诊断。

除了经前期综合征之外，还有些患有子宫内膜异位症、子宫腺肌症等病理性痛经的育龄期女性也会周而复始地出现烦躁、抑郁情绪,每来一次月经都如同生了一场大病,长此以往,给女性朋友带来非常大的心理负担,对她们的工作、生活造成严重影响。有研究发现痛经的女性在生理期容易出现心烦易怒、忧郁、神经过敏等负性情绪,这些负性情绪加重痛经疼痛的体验强度,而对疼痛的恐惧,又使得经前期症状进一步加重。

如何解决这些困扰的问题

1. 科普知识。有研究者对各个国家中的经前期综合征的青春期防治现状展开调查,结果不容乐观。根据研究结果,许多人对性与生殖方面的认知不够,认为痛经是正常现象,而面对反常的经期症状困扰时,选择去正规医院接受治疗的人还在少数。因此对于整个社会来说,普及经期知识,扩大教育宣讲范围,提高女性认知水平,这些措施对于改善 PMS 患者精神状态,提高女性整体健康水平都十分重要。

2. 正确认知。至今仍有一些女性受传统文化影响,认为月经是不洁之事,有些女性把来月经称作"倒霉",这种不良暗示可能会加重经前期症状及痛经。

3. 自我保健。现在很多女孩子以窈窕的体型为美,但过于消瘦会影响月经,从而带来一系列生理、心理问题。另外经前期容易水肿,所以要避免酒精的摄入,更不能滥用利尿剂来减轻水肿。生活中美味的咖啡、茶、可乐、巧克力中所含的咖啡因也是隐形"杀手",会使人精神紧张,可能促成经期间的不适。因此,应避免咖啡因的过多摄入,同时盐和糖的摄入也应减少,例如饼干、薯片等。在饮食上女性应少吃多餐,多摄入优质蛋白质和钙(例如鱼和牛奶)缓解症状。另外维生素 B6 和维生素 E 等膳食补充剂对于减轻症状也有一定效果。

4. 运动锻炼。规律运动如瑜伽可有效缓解腹胀、易激惹、焦虑和失眠等不适症状;但经期运动要特别注意控制运动量和强度,不宜跑步、跳跃、游泳。避免引起腹内压增加和使腹部震动剧烈的运动,如俯卧撑、仰卧起坐、跳高、跳远、投篮等。运动后应注意保暖,避免运动后大量出汗而受寒。

5. 充足睡眠。经前期应当避免熬夜,要有充分的休息和睡眠,至少保证每晚 7 小时的睡眠。改变生活方式,拥有健康的身体是远离 PMS 的有效"法宝"。

6. 消除紧张心理。愉悦的心情能有效避免经前期综合征的发生。如果在经前产生了某些身体的、精神的或行为的异常变化,也要客观分析原因,无须往月经方面想或硬性靠拢,这样就不会把偶然事件与月经来潮的必然事情联系在一起。可以学习如何应对压力的技巧,如常做腹式呼吸、生物反馈训练、渐进性肌肉松弛等。在自我调适无效下,要及时寻求医师(包括中医)的帮助,病理性痛经、严重的抑郁情绪,都需要专业医师的处理。

7. 临床治疗。目前 PMS 的病因尚不明确,因 PMS 患者的症状多涉及心理社会因素，最佳的治疗方案是心理干预与药物治疗结合使用。

有效的应激干预措施，涉及心理干预和行为干预，可采用心理疏导和情绪调适，帮助患者调整心理状态，认识疾病和建立信心。认知行为治疗和改变生活方式是放松身心的有效方式，通过安慰和治疗，帮助 PMS 患者消除焦虑，通过改变患者的生活习惯来帮助应对激素的异常分泌。轻、中度 PMS 患者可通过培养良好个性，以心理治疗为主要治疗方式来达到治疗目的。

认知行为疗法可以有效地帮助患者了解自己症状的性质，并接受适当的社会支持。家庭、社会支持具有"提供个体安全和降低神经内分泌唤醒水平的结构"功能，社会及家庭成员对 PMS 患者的心理支持（包括体贴、安慰、引导等），能显著减轻其病症反应。同时可以进行放松训练，也可以通过冥想来减轻患者的心理压力。

临床的药物治疗常使用西洋牡荆、复方口服避孕药（COC）、选择性 5- 羟色胺再摄取抑制剂（SSRI）、三环抗抑郁药等等。手术治疗是 PMS 最后选择的方案，需要对患者的临床状态、年龄、生育要求和生活质量等多方面进行评估。手术方案有子宫内膜切除术、子宫切除术伴或不伴双卵巢切除术、腹腔镜下双卵巢切除术等。

如果患者出现明显抑郁症状，医生需要将患者转诊到精神科进行专业的检测和治疗。

青春岁月是人生美好的时光，花季少女应该得到温柔以待，希望通过普及经期知识，采取早发现早治疗等方式，让饱受 PMS 困扰的女人远离每月"渡劫"的痛苦，回归正常生活。也希望有更多的人对此疾病有更多了解，对患者多一分理解，多一些支持，特殊时期的女人需要呵护，多付出点耐心，帮助她们早日远离负性情绪，用积极健康的心态迎接美丽人生！

第二节
持续性抑郁情绪

忽"暗"忽"明"的天空

"医生,我这是怎么了?我该怎么办?"坐在我面前的小赵,24岁,穿着深蓝的长裙,她低着头,表情忧郁,声音沙哑。

通过交流得知小赵曾有一个幸福快乐的童年,那时爸爸事业有成,妈妈温柔贤惠,家庭和睦,处处充满欢声笑语。然而好景不长,初中时爸爸因生意受挫,开始酗酒,常常半夜醉醺醺地回来,父母经常因此吵架。摔打声、咆哮声、哭泣声混杂着令人作呕的气味飘荡在家里,年幼的小赵常常从熟睡中被惊醒,弱小的她只能害怕地躲在被窝里默默哭泣。慢慢地,原本活泼开朗的小赵变了,原先喜欢红色、橙色的她开始喜欢蓝色,灰色,生活中变得安静喜欢独处,不再爱笑,一门心思扑在学业上。

进入高中后小赵住校学习,虽然父母早已和好,但小赵还是一副"冰山冷美人"的样子,她说自己就像被戴了一副墨镜,放眼望去整个世界都是灰蒙蒙、暗暗的。若是"暗"得太深,听上几晚上的歌心情会"亮"些。当时的小赵面临着巨大的高中学业压力,又认为这些情绪并未影响自己的生活和学习,所以对自己的情绪无暇顾及。而父母也只是以为自己的女儿长大了,成熟了,所以才变得不爱说话了。

大学期间小赵遇见了心动的那个他。在甜蜜的恋爱时期,表面上小赵虽然依旧冷冷的,但和男友在一起时,她明显感觉自己的天空"明亮"了许多。笑容也慢慢回到了脸上,但好景不长,毕业前两人因对未来的打算不同,时时争吵,慢慢地小赵觉得自己仿佛又回到了初中,整天郁郁寡欢。虽然后来两人重归于好,但小赵发现自己的天空似乎再也"亮"不起来了,暗暗的让她安静又压抑,甚至出现了头晕、睡眠浅等生理问题。在经过一系列自我调整(睡前喝牛奶,晨起运动,旅游等等)无效后,小赵决定去看看医生,故在男友陪伴下她来看心理咨询门诊,经详细问诊后被诊断为恶劣心境。

什么是恶劣心境?

恶劣心境是一种常见但易被临床忽视的情感障碍。以持久的情绪低落状态为特征,主要表现为兴趣减退、缺乏愉快感,常伴入睡困难、睡眠浅等睡眠障碍或头痛、胃疼等其他不适,在此期间没有轻躁狂或躁狂的发作且排除躯体疾病因素。

精神障碍诊断与统计手册第五版（DSM-V）中对恶劣心境的诊断标准为：

（1）至少在2年内的多数日子里，一天中的多数时间中出现抑郁心情，既可以是主观的体验，也可以是他人的观察。

（2）抑郁状态时，有下列2项（或更多）症状存在：

①食欲不振或过度进食。

②失眠或睡眠过多。

③缺乏精力或疲劳。

④自尊心低。

⑤注意力不集中或犹豫不决。

⑥感到无望。

（3）在2年的病程中（儿童或青少年为1年），个体从未有2个月以上没有诊断标准（1）和（2）的症状。

（4）重性抑郁障碍的诊断标准可以连续存在2年。

（5）从未有过躁狂或轻躁狂发作，且从不符合环性心境恶劣障碍的诊断标准。

（6）这种障碍不能用一种持续性的分裂情感性障碍、精神分裂症、妄想障碍、其他特定的或未特定的精神分裂症谱系及其他精神病性障碍来更好地解释。

（7）这些症状不能归因于某种物质（例如，滥用的毒品、药物）的生理效应，或其他躯体疾病（例如，甲状腺功能低下。)

（8）这些症状引起有临床意义的痛苦，或导致社交、职业或其他重要功能方面的损害。

据统计，恶劣心境的终身患病率约为3%，大多在青春期起病，有明显的负性不良生活事件诱因。恶劣心境病程大于2年，难以自我缓解，期间可有心境正常期，但一般小于2个月。成人的心境障碍持续时间平均5年，儿童平均4年，且患病女性多于男性，农村多于城市。

恶劣心境是如何产生的？总体而言，恶劣心境是由生物学因素、心理因素和环境因素相互作用导致，其发病机制十分复杂。

（1）生物学因素方面：研究分析恶劣心境有一定的遗传易感性，患者家族的单相和双相障碍患病率较高，可能在基因构成、脑区活动、免疫因素等方面与健康人群存在差异，但相对来说家族遗传性不明显。

（2）心理因素方面：许多研究表明恶劣心境与个体特质有着很大的关联，恶劣心境患者往往具有神经症性易感素质，其躯体化、焦虑、疑心等神经症性人格特质会更突出，性格特征常为自卑、压抑、胆小、依赖、被动、敏感等。面对刺激事件时，恶劣心境患者存在更多的心理应激和应对无能，这使得他们容易把心理问题转化为一些躯体问题。

（3）环境因素方面：负性生活事件可能是引发恶劣心境的

一个重要原因，其中童年时期的不幸遭遇尤为重要。童年时遭受的创伤对个体的认知、行为、情感、人格等多方面的发展都具有消极影响，这种影响甚至会持续终生。而家庭环境作为个体童年极为重要的一部分，自然也与恶劣心境的产生息息相关。不良的家庭环境对个体成年后的心理健康有显著的消极影响，是诱发各种精神心理问题的危险因素。已有的研究表明在恶劣心境患者的原生家庭中，患者无法从家庭成员处获得足够的帮助与支持，缺乏情感的沟通和感受的表达，沟通障碍又导致患者家庭环境更加恶劣，如此往复形成了恶性循环。因家庭功能的缺陷，使患者长期处于应激、焦虑的状态中，又难以表达，进而导致患者的人格发展出现偏差。

在多种因素相互影响下，当患者面临压力事件时，其人格特质和遗传易感性导致患者呈现夸大的反应，出现更多的焦虑与躯体不适，产生自主神经功能紊乱，其正常的生理心理反应发展成为障碍甚至疾病，这又导致患者的心理社会功能进一步受损，最终发展成为恶劣心境。

恶劣心境与重性抑郁障碍

恶劣心境和重性抑郁障碍有着非常密切的联系，这两种疾病都有着共同的特征，比如对抗抑郁药物的反应、对生活压力源的感知改变，以及应对策略的采用。经神经生物学研究证实，恶劣心境常伴有重性抑郁症的神经生物学特征。

但二者之间又存在以下区别：

（1）遗传特点：重性抑郁障碍以内因为主，家族遗传性明显；恶劣心境以心因为主，其家族遗传性不明显。

（2）生理表现：重性抑郁障碍生理反应明显，常有一段时期内明显的食欲减退、体重下降等表现；恶劣心境的生理表现则不明显。

（3）病程：重性抑郁障碍病程具有自限性，一般为6个月，部分可达1-2年，病程长短与年龄、病情严重程度、发作次数有关；恶劣心境病程冗长，至少持续2年，且缓解期短。

（4）负面生活事件影响：重性抑郁障碍更多受到新发的负面生活事件的影响；恶劣心境则更多受到童年欺负生活事件的影响。

（5）人格基础：恶劣心境患者性格特征明显，常为自卑、胆小、依赖、被动、软弱等；重性抑郁障碍患者发病前性格则不一定，更多样化。

（6）自知力：重性抑郁障碍患者缺乏对自己情绪状态的自知力，很少主动求治；恶劣心境患者可以觉察到自己情绪低落，常有主动求治意愿。

（7）社会功能：重性抑郁障碍患者社会功能受损较严重，对其生活、工作、学习影响都很大；恶劣心境患者社会功能无明显受损，但若不重视，长期可能诱发抑郁症或其他的精神疾病。

慢性重性抑郁障碍与心境恶劣障碍合并为持续性抑郁障碍，即恶劣心境，其诊断标准应与重性抑郁障碍加以区分。

如何应对恶劣心境

恶劣心境症状虽然可缓解，但复发是常态，其治疗的主要目的是缓解抑郁症状，降低其发展成为其他严重心理障碍的风险。临床上主要的治疗方法是抗抑郁药物治疗和心理治疗相结合。

（1）药物治疗：新型抗抑郁药物特别是选择性 5-HT 再摄取抑制剂（SSRIs）为治疗恶劣心境的首选药物。儿童和青少年对 SSRIs 类药物的耐受性较好，但服药可能出现多种不良反应，导致患者服药依从性差，疾病复发率较高。

（2）心理治疗：恶劣心境患者除了持续多年的药物治疗外，提高社交技巧也是十分必要的。目前研究表明认知行为疗法、精神分析、团体疗法、家庭疗法和人际疗法是几种有效的心理治疗方法，在儿童和青少年患者中上述疗法都取得了良好效果。此外，由于青少年与家庭之间的密切关系，建议青少年选择家庭疗法。

如果药物治疗和心理治疗单独使用或联合使用都无法有效减轻患者的症状，可选择物理治疗中的电休克疗法（ECT）。除此以外，运动、瑜伽等也是行之有效的治疗方法。

由于恶劣心境患者家庭功能通常存在缺陷，患者与父母关系不佳是恶劣心境预后效果不佳的一大原因，导致相当一部分比例的患者无法保持长期的痊愈状态，因此家庭参与治疗也是十分重要的。临床工作中通常采用生物–心理–社会综合干预，在对恶劣心境患者进行干预时，可以从改善家庭氛围入手，注重提升患者家庭的亲密度与情感表达，减少家庭的矛盾与愤怒攻击，恢复家庭良好的沟通功能，最终重建患者的家庭和社会功能。

生活总是这样，不能叫人处处都满意。唯有被爱的目光温柔过的日子才能在岁月的深谷里闪着璀璨光芒。恶劣心境的疗愈是一个漫长的过程，在此期间，家庭和朋友的社会支持是帮助患者提高服药依从性，带给他们走出低谷的一份爱的力量。而身处低谷的患者，也要知道恶劣心境有时候跟屋子一样，需要定期打扫一下，不好的情绪该扔的就扔掉，然后把喜欢的生活装进去，这时候阴郁的天空自然慢慢明亮蔚蓝起来。

第三节
物质/药物所致抑郁情绪

"迷失"的丈夫

"披星戴月"、通宵达旦看项目材料,修复BUG是软件研发项目负责人王先生工作常态,妻子经常嘲笑他是操着"卖白粉的心"在拼命工作,长期的高强度工作节奏让王先生的睡眠出现了问题,从原先一沾枕头就呼呼入睡发展到躺在床上辗转反侧几小时也睡不着,数羊、数星星、数饺子均无济于事。好不容易睡着了也处于浅睡眠状态,极易被惊醒。睡眠障碍的痛苦折磨着他,苦不堪言。一日,有朋友以自身实践劝他说"喝点酒有助于睡眠,我以前比你的情况还严重,现在喝完酒倒头就睡"。王先生将信将疑地以酒助眠,"小友诚不欺我"!王先生如是道。初尝甜头,当时的他并没有认识到饮酒的危害。起初每晚饮少量的红酒便可以改善睡眠,但是随着时间的推移,王先生发现自己饮酒量越来越大,改善睡眠的效果却越来越差,最后喝了高度数的白酒效果也不甚理想，反而睡眠障碍有所加重。另一方面，因睡前饮酒，导致王先生晨起精力很差，有时甚至需要早上饮酒提神。喝酒导致其业务多次出错，受到领导的批评，同事的抱怨。父母及妻子劝他戒酒，均未有成效。嗜酒的习惯给他的工作和生活带来了严重的困扰。

工作中领导和客户的不满意，让王先生渐渐对工作没了热情，精力也大不如前，有时什么事情都不想做，脑子仿佛"生锈"了、"冻结"了一般；回到家里又控制不住情绪经常与妻子因琐事争吵，王先生觉得现在的生活让人绝望，了无生趣，只能日复一日地沉浸在酒精里逃避。王先生的改变让妻子感到非常难过，以前的王先生性格开朗，朝气蓬勃，是一个拥有有趣灵魂的好丈夫，无论是生活还是工作总是能够处理得井井有条。为了找回"迷失"的丈夫，妻子带着王先生来到了某三甲医院心理科门诊。接诊后心理医生详细了解王先生的症状，经过检查及问卷评估，认为王先生现在主要是物质使用障碍（酒精依赖）和抑郁症。

酗酒等物质滥用问题在人群中并不少见，很多患者把酒精或药品等物质当作是缓解压力或改善睡眠、焦虑的良方，但实际上，酒精或药品带来的短暂放松对于缓解疾病痛苦是杯水车薪的，并且一旦合并精神疾病，还会与物质滥用互相影响、互相加重。

什么是精神活性物质/药物？何为物质使用障碍

凡是能够影响人类情绪、行为及意识状态，并有致依赖作用的一类化学物质称为精神活性物质。目前常见的精神活性物质有酒精、阿片类、中枢神经兴奋剂、致幻剂、大麻、镇静催眠药和烟草等。

除了酒精、毒品等常见的物质外，尚有许多精神活性药物，可分为以下九大类：①抗惊厥药；②抗癫痫药；③抗组胺类药物；④治疗帕金森的药物；⑤一些治疗心脏病和高血压的药物；⑥肿瘤、化疗药物；⑦治疗关节炎、过敏哮喘的肾上腺皮质激素类药物；⑧用于避孕或者是控制更年期症状的一些女性激素药，主要是雌性激素药；⑨治疗肝炎、白血病、恶性黑色素瘤和一些肾炎治疗的 α 抗干扰素等。

物质使用障碍（Substance Use Disorders，SUDs）是使用精神活性物质导致的精神障碍。临床症状和综合征包括急性中毒、有害使用、成瘾综合征、戒断综合征、伴有谵妄的戒断状态、精神病性障碍、迟发的精神病性障碍及遗忘综合征。

物质/药物使用障碍与抑郁的"恩怨情仇"

物质使用障碍可存在抑郁，但常见的多是物质滥用所致的抑郁。王先生既有酒精依赖，又有抑郁症。那么精神活性物质/药物使用引起抑郁的原因是什么呢？

目前有一种观点认为，本身患有抑郁症的患者，情绪低落时常喜欢"借酒消愁"或追求毒品使用，造成反复使用酒精或毒品来缓解其负性情绪。流行病学调查发现，大多数患者初始使用物质（酒精或毒品）的原因是为了抵制负性情绪（负性强化），由于使用物质带来的欣快感，让抑郁症患者的负性情绪得到缓解，于是患者反复寻求物质使用带来的欣快感，后来当戒断症状和滥用出现时，又使抑郁症状加重，最终导致依赖和滥用。

精神活性物质使用障碍常见的精神障碍共病

一篇发布在 JAMA 上的研究告诉我们：在患有严重精神疾病的人中，约有 50% 受到物质滥用问题的困扰。37% 的酗酒者与 53% 的药物滥用者至少共病一种严重精神疾病。所有被诊断有精神疾病的人中，29% 都曾经滥用过药物或者酗酒。最常见的与物质滥用共病的精神疾病就是抑郁症、双相障碍和焦虑症。

美国一项对 18 岁或以上者的调查发现，一生中曾诊断过抑郁障碍的患者中共病物质使用障碍为 24%；一年内诊断过抑郁障碍的患者中共病物质使用障碍为 8.5%。国内一项对海洛因依赖者的调查显示，共病重性抑郁障碍的比例为 13.5%[①]。

"迷失"的王先生该如何自我救赎

精神疾病的治疗包括药物治疗、心理治疗、生活方式改变和同伴支持。物质滥用的治疗包括戒除药物、毒品、酒精,控制戒断症状,行为疗法,以及相关同伴支持团体。

如今,精神活性物质、药物滥用的情况逐年增多,尝试第一口,往往是走向物质滥用的开始,千里之堤,溃于蚁穴。因此对于精神活性物质我们要做到:

(1)了解药物滥用的危害性,加强物质滥用危害知识学习,减少好奇心。

(2)对滥用物质有警觉戒备意识,坚决拒绝精神活性物质使用的邀请,杜绝"第一口"。

(3)谨慎交友,远离周围滥用药物同伴;遇到困难或心理压力及时向家庭成员、领导或社会公益单位求助。

(4)遵照医嘱,合理用药,不过度使用镇痛、镇静、减肥、安定、止咳等药物。

另外,有规律的生活、合理安排工作和娱乐时间、正确应对压力、保持良好情绪、和谐的家庭和社会关系、均衡营养等也有助于改善情绪。

我们建议:

(1)学会处理压力:酗酒或精神活性物质使用,往往最初的愿望是缓解压力。压力是生活中不可避免的一部分，所以拥有健康的压力管理技巧很重要。它能帮助你在不依赖精神活性物质的情况下应对压力。同时，压力管理技巧对预防复发和控制症状也大有裨益。

（2）学会缓解不愉快的情绪：求助于酒精乃至毒品，逃避痛苦的记忆和情感，并非处理不愉快情绪的唯一方法。正确的处理方式是了解自己的"触发点"在哪儿，并制订相应计划。常见的"触发点"包括压力事件、重大的生活改变、不健康的睡眠或饮食习惯。应对这些，制订一个适当的计划，是防止复发的关键。

（3）加入支持性团体：参加"匿名戒酒会""匿名戒毒会"等社会支持组织，能够帮助你保持清醒并戒断进步。

（4）练习放松技巧：定期练习放松技巧，如正念冥想、渐进式肌肉放松和深呼吸，它们可以帮助你减轻压力、焦虑和抑郁，增加放松感，加强情绪健康。

（5）开拓新活动和新兴趣：去发掘对自己有意义的工作或兴趣爱好，在活动中获得成就感。这时候"依赖酒精或毒品"就不会再像之前那样具有吸引力。

（6）建立正确的社交方式：远离触发酗酒或吸毒的不良社交生活，放弃不良人际社交，尝试新的事物，并建立起新的关系。

"病来如山倒，病去如抽丝"，康复是一个持续且漫长的过程，没有人能在一夜之间恢复。在寻求治愈的过程里，保持耐心，持续而坚定！请相信：你一定能走过这段困难的时光，并最终重新回归正常的生活[2]。

参考文献：

①精神障碍诊疗规范（2020版）

②心声Mind（微信公号）原创《当我选择用沉迷对抗疾病／物质滥用与精神健康》2019.12.18

第四节
躯体疾病所致的抑郁情绪

无法摆脱的"黑洞"

声音嘶哑、疲惫不堪、肌肉疼痛……身体上的不适就像一个没底的黑洞，吞噬了王女士所有的快乐，然后又释放出无限的负能量，让王女士毫无招架之力！无奈的王女士只能求助于医院。内科医生询问病史后了解到，王女士4周来情绪低落，精力减退，疲乏多睡，内心苦闷，常常哭泣，凡事提不起兴趣。近1个月因体重增加，认为自己对丈夫失去了吸引力。"我每天吃得很少，不知道为什么还会发胖"。当谈及这些时王女士情不自禁痛哭起来，称一直担忧，特别担心不能照顾好自己8个月大的孩子，认为自己是个坏母亲，让家里人感到失望。"我无法摆脱大脑中的这些可怕又沮丧的想法。"王女士告诉医生。

另外，医生还了解到王女士的母亲和姐姐患有红斑狼疮，检查时发现王女士肥胖，皮肤干燥呈鳞片状，眉毛部分脱落，体胖触诊摸不到甲状腺，双侧膝腱反射减弱，其他体格检查无明显异常。完善实验室检查，对王女士的抑郁症状进行了评估，并请精神科医生会诊。会诊医生精神检查：意识清，体态偏胖，头发蓬乱，貌龄相符，接触良好。坐在床边，双臂自然垂于两侧，整个检查过程中活动少。声音稍嘶哑，语音低微，语速正常，反应稍显迟钝。自诉自己的世界变得一片黑暗，没有一束灯光。情感反应迟钝，思维连贯，否认自伤或伤人的观念，未引出任何幻觉、妄想症状，未及明显思维逻辑及属性障碍。记忆力和注意力无明显受损。自知力部分存在，能认识到抑郁症状的性质，判断力良好。实验室检查发现血清促甲状腺激素（TSH）增高，游离甲状腺素（FT4）降低。医生依据患者的各种躯体和精神症状、实验室检查诊断"躯体疾病所致抑郁障碍：甲状腺功能减退"。

通过与王女士夫妇认真讨论，确定王女士的症状尚未对自己和他人造成伤害，因此在治疗甲状腺功能减退的同时，由精神科医生在门诊监测患者的抑郁症状。经过几周的左甲状腺素治疗，王女士的抑郁情绪和甲状腺功能障碍的症状和体征稳步改善。2个月后随访时，王女士躯体症状及抑郁症状消失，甲状腺功能测定恢复到正常水平。后续治疗由内分泌医生负责，建议继续进行甲状腺激素替代治疗，同时监测甲状腺功能变化。

甲状腺功能减退的临床表现在不少方面与抑郁障碍相混淆，如抑郁情绪、自杀倾向、运动性迟滞、性功能减退及疲劳等。甲状腺功能减退所伴发的睡眠增多和体重增加有可能误诊为不典型抑郁障碍。这将对疾病的治疗效果带来明显的差异。如对躯体疾病所致抑郁症状忽视，可能对患者及其家庭带来严重后果。

甲状腺功能减退为什么会导致抑郁障碍

许多研究发现，抑郁障碍患者有下丘脑-垂体-肾上腺素轴（HPA）、下丘脑-垂体-甲状腺轴（HPT）、下丘脑-垂体-生长素轴（HPGH）的功能异常。与王女士疾病相关的下丘脑-垂体-甲状腺轴（HPT）在临床上认识比较早。甲状腺功能减退是由于甲状腺激素水平不足所致，分为临床型和亚临床型。亚临床型甲状腺功能减退患者，其激素水平是正常的，而促甲状腺激素（TSH）水平升高或者注射促甲状腺激素释放激素（TRH）呈超敏反应，患者可无明显的甲低临床症状。临床型甲状腺功能减退患者，其甲状腺激素水平降低，TSH增高，患者有甲低的临床症状。TSH是甲状腺功能减退的最敏感指标，原发性甲状腺功能障碍，其TSH水平升高；如果是垂体或下丘脑病变所致的甲状腺功能减退，则TSH降低。

不论是临床型，还是亚临床型的甲状腺功能减退的患者都可能出现精神症状。只有控制原发性甲状腺功能障碍，抗抑郁剂治疗才有效。精神症状的表现通常没有特异性，可能与抑郁症的症状很相似，如情绪低落、疲劳、食欲减退和思考能力下降等。早期症状经常被归于衰老、痴呆、抑郁症、帕金森病。严重的病例甚至出现"黏液性水肿性精神错乱综合征"，该综合征伴有幻觉和妄想状态，甚至由于脑血流量减少而引起昏迷或死亡。目前的理论认为抑郁症状的产生可能是由于中枢神经系统5-羟色胺活性降低，或突触后β受体数量减少和功能降低所致，因现已证实甲状腺激素影响5-羟色胺能和肾上腺素能系统。

被忽视的抑郁情绪

结合相关研究结果：抑郁患者存在下丘脑－垂体－肾上腺素轴（HPA）、下丘脑－垂体－甲状腺轴（HPT）、下丘脑－垂体－生长素轴（HPGH）的功能异常。除了甲状腺疾病能引起王女士这样的精神症状，还有许许多多的躯体疾病同样能够出现抑郁症状。如一些内分泌疾病、代谢性疾病、血管疾病、免疫异常、神经变性病、外伤、炎症、感染、中毒、药物滥用等。由其他疾病引发的抑郁症候群，我们称之为继发性抑郁症。而患者患有这些躯体疾病时往往只关注自己的躯体症状，因此至综合医院相关科室就诊，对于自身的抑郁症状常常忽视。据报道在美国，未经治疗的抑郁症是自杀的最常见原因。除了增加死亡的概率，抑郁还可导致失眠，破坏机体免疫力，日常生活、工作、劳动能力明显下降，降低生活幸福感，加重躯体不适症状等，大大降低躯体疾病患者治疗信心及依从性，影响预后。

首先我们需要了解抑郁有哪些表现，这将有利于我们在遇到这些情况的时候能够及时引起重视。有人形容抑郁就像一只紧跟在身后的恶魔，在恶魔的影响下，即使本人的主观意愿有多么想要改变现状，变得努力和积极一点，但是抑郁症患者还是会有很多失控的反应。如在生理上可以出现明显的胸闷、胃肠不适、便秘、食欲下降和体重减轻，失眠早醒；思维和行为上会出现思维联想过程受到抑制，脑子也不转了、反应也迟钝了、说话也少了、语速也慢了。整个人变得没有激情和活力，懒散、木僵。

社会功能会出现一定的改变：为学习和工作着急焦虑，但效率低。人际交往：渴望与人亲近，但又不愿意接触人，和家人、朋友都开始疏远，有孤独感。觉得自己像坠入一个深不见底的深渊，压抑无望，没有希望。情感痛苦和绝望感严重时会有自杀风险，但往往想要自杀只是结束痛苦，并不是以结束生命为目的的。在综合医院继发性抑郁容易被忽视，而可能造成的后果又如此严重，我们该如何筛查和鉴别它呢？

抑郁症状由于缺乏实验室或影像学检测手段，通过临床谈话或自评量表了解症状仍是检测抑郁和监测疗效的主要手段。

临床上有以下量表:

1. 9项患者健康问卷抑郁量表(PHQ-9)对于存在躯体症状患者有明确的评定意义。

表1-1 9项患者健康问卷抑郁量表(PHQ-9)

序号	项 目	没有	有几天	一半以上时间	几乎每天
1	做事时提不起劲或没有兴趣	0	1	2	3
2	感到心情低落、沮丧或绝望	0	1	2	3
3	入睡困难、睡不安稳或睡得过多	0	1	2	3
4	感觉疲倦或没有活力	0	1	2	3
5	食欲不振或吃太多	0	1	2	3
6	觉得自己很糟或很失败,或让自己、家人失望	0	1	2	3
7	对事物专注有困难,例如看报纸或看电视时	0	1	2	3
8	行动或说话速度缓慢到别人已经察觉,或刚好相反——变得比平日更烦躁或坐立不安,动来动去	0	1	2	3
9	有不如死掉或用某种方式伤害自己的念头	0	1	2	3

2. 抑郁自评量表(Self-Rating Depression Scale, SDS)由W.K.Zung编制于1965年。SDS的优点为使用简单,不需要经专门的训练即可由患者进行相当有效的评定,而且它的分析相当方便。其评定对象为具有抑郁症状的成年人。

3. Beck 抑郁问卷（Beck 等，1961）是最早被广泛使用的评定抑郁的量表，共有 21 项条目，其中有 6 项不是精神症状。每项为 0—3 分的 4 级评分。评定方法是向被试读出条目，然后让被试自己选择备选答案之一。该量表最初是由检查者评定的他评量表，但后来已被改编成自我报告形式的自评量表。这些筛查工具均有利于抑郁症状的早期发现，便于操作。

躯体疾病与抑郁"互相影响、密不可分"

躯体疾病所致抑郁患者屡见不鲜，同时抑郁情绪也会对躯体疾病带来不利的影响。躯体疾病引起抑郁的机制是多重的，包括生物学机制、社会心理学机制、间接机制三大类。首先躯体疾病导致内分泌异常，影响 5-HT、NE 等神经递质的释放（甲状腺功能异常、垂体功能减退症等）；部分躯体疾病也可直接损害杏仁核、下丘脑等与情感调控相关的脑区（感染性脑炎、肿瘤、脑血管疾病等），导致抑郁的发生。其次，躯体疾病引起的应激、疼痛等造成患者功能损害也会诱发抑郁。除了生物学机制及社会心理学机制外，躯体疾病也可通过间接机制诱发抑郁，例如，患有躯体疾病的患者往往伴有严重失眠等睡眠障碍，这些症状也会间接引起抑郁。

从今天起，请多关爱自己一点，不仅要关心身体健康，也要注意呵护精神和心理的调节。躯体疾病所致抑郁的治疗是及时看内科门诊,积极治疗原发病,针对抑郁症状可在专业医生的指导下,选用不良反应少,安全性高的 SSRIs(选择性 5-羟色胺再摄取抑制剂)或 SNRIs(选择性 5-羟色胺和去甲肾上腺素再摄取抑制剂)药物抗抑郁,由此提高治疗信心和依从性,减少抑郁所带来的负面影响及后果,早日康复。

第五节
人际关系所致抑郁情绪

"升级"的烦恼

都说婆媳关系是世界难题,小新怎么也没想到,这一世界难题居然会降临到自己身上。

3个月前小新得知自己要有孩子了,他满心期待着小生命的到来,希望一家人可以过着和睦幸福的生活。然而几个月后,现实却令他手足无措。

老婆小艾怀孕后,小新考虑到自己工作繁忙,无法妥善照顾老婆,所以把自己的妈妈从乡下接了过来,希望妈妈能帮忙照顾小艾。但没想到,因为生活习惯和文化的差异,老妈和老婆频频吵架,从一开始的偶尔吵闹发展到三天一小吵、五天一大吵。老婆是孕妇,保持愉悦的心情是孕育健康宝宝的关键,所以小新只能天天哄着。而老妈是长辈,养育之恩不能忘,现又从乡下过来帮忙照顾孕妇,没有功劳也有苦劳,所以小新也必须包容。每天下班回到家的小新犹如"老鼠进风箱",经常是哄完老婆哄老妈,两边受着夹板气,心力交瘁。婆媳之间的纷争令他好似孤身处于荒无人烟的茫茫沙漠之中,内心充满了难过,无助又绝望。

好不容易"熬到"宝宝降生了,又因为带孩子的问题,婆媳俩的矛盾不断升级。从宝宝用尿布还是纸尿裤,到宝宝是穿"百家衣"还是穿买的新衣服,等等,都能引来一次家庭版"世界大战",每次都是婆说婆有理,媳说媳有道。两人意见不合又各自固执己见,总是一言不合就开吵,最后发展到互不讲话,家里的"气压"特别低,氛围特别压抑。上班劳累一天的小新下班回到家后,迎接他的不是含笑弄儿的温馨氛围,而是这边老婆抹着眼泪告状,那边是老妈虎着脸要求评理。生活在这种压抑的家庭氛围中,小新觉得自己快要崩溃了,最近一个月来,心情很低落,越来越不想说话了,也不想去工作,心情很郁闷,每天都是胡思乱想,控制自己不去想,但就是停不下来,夜晚也睡不着觉。

人际关系和抑郁情绪

我们每个人都生活在社会中,都被一张名为人际关系的大网联系在一起,这当中有各种各样的关系,包括亲子关系、伴侣关系、师生关系、朋友关系……人际关系是指在人与人互相交往的过程之中，通过思想、情感与行为产生的排斥、竞争、合作、吸引等互动关系与相互作用，包括内部条件和外部条件。人际关系的内部条件包括个体的情感因素和认知因素，而外部条件指与他人的社交活动，互动模式等，个体的大部分时间，都处于流动的人际关系之中，也受到人际关系的影响。

人与人之间的相处不可能总是如春风化雨，难免会有一些摩擦、矛盾。互不"相容"的两个人，可能起初只是因为一件小事起了冲突，冲突没有妥善解决好，进而慢慢地心存芥蒂，矛盾也如雪球一般越滚越大，让双方都招架不住。人际关系无时无刻不在发生，并对人的情绪有很大影响。这些人际关系中的冲突与矛盾会带给人们糟糕的情绪，难以缓解的压力，甚至压垮人的心理防线。

抑郁情绪是一种常见的负性情绪状态，处于此状态中的人会消极悲观，缺乏动力，长此以往生活质量下降，影响正常的工作和学习。严重时会发展为抑郁症，甚至引发自伤、自杀行为。人际关系的困扰中往往有群体的不接纳、与个体的对立冲突或是贫乏的社会支持与帮助，这些都与抑郁情绪有着密切的关联。同时，大部分处于抑郁状态中的人会认为自己的人际关系不佳，与他人的社会互动减少，时常感觉孤独。

有研究对1922位大学生进行调查，发现人际关系敏感度与抑郁情绪显著相关，且人际关系敏感与抑郁检出率都较高。另一研究表明，良好的人际关系有助于缓解抑郁情绪，而不良的人际关系则可能引发或是加重抑郁情绪。这些研究指出,良好的人际关系让人拥有充足的爱与安全感,也会带来更多的心理社会资源,有助于培养面对生活的积极态度,减少抑郁的发生。

人际关系和抑郁的影响因素

许多研究对人际关系与抑郁情绪的影响因素进行调查,包括自尊水平、心理弹性、自我效能感、父母教养方式等方面。

(1)自尊水平:自尊水平与人际关系和抑郁情绪息息相关。低自尊水平个体比高自尊水平个体自我报告更缺乏社交魅力,在人际关系之中更容易感受到压力,更倾向于回避社交活动,从而导致人际关系不良。而不良的人际关系又会降低个体的自我价值感,从而降低自尊水平,对抑郁的引发与维持都有着显著的影响。

(2)心理弹性:心理弹性是一种保护因素。心理弹性较强的个体能够用更加积极的应对方式来解决人际关系问题,缓解压力给自己带来的不良影响,这也就更有利于良好的人际关系的建立,从而有更多的心理及社会资源来减少抑郁情绪的出现。而人际困扰作为一种心理压力,过于严重时会使心理弹性的积极调节作用失效,打破两者之间的动态平衡。但我们可以做一些放松训练来逐渐恢复平衡。

（3）自我效能感：在遇到刺激性事件时，高自我效能感的个体通常比低自我效能感的个体采用更多积极有效的行动来应对，而低自我效能感的个体由于难以应对这些刺激，更容易产生焦虑与抑郁情绪。自我效能感低的个体在人际关系问题出现时会有更强烈的情绪反应出现，更可能应对不当而导致人际关系不良，而这种人际关系不良又会进一步导致个体自我效能感降低，形成一个恶性循环。

（4）父母教养方式：是指父母在对儿女的抚养、教育过程中呈现出的一种总体倾向，是一种多维的结构。通常分为四种类型：民主型、权威型、溺爱型、忽视型。孩子来到这个世界上，第一个关系就是与父母之间的关系，父母教育方式影响着孩子如何体验世界，如何与他人共处，对于未来的人际关系有着显著影响。在教养过程中，过多的严厉与拒绝或是过分的保护都会让个体在社交中难以容纳他人，而充足的温暖和爱则会让个体学会与他人之间如何良性互动。民主型集理性教育与温暖支持于一身，让个体积极进行社会互动，学会沟通、付出的同时保有一个舒适的自我空间，有利于良好人际关系的建立与维护。

在本案例中，影响小新情绪的人际关系是不和谐的婆媳关系，婆媳矛盾是自古就存在的现象，糟糕的婆媳关系对家庭成员的影响很大。我们可以推测在如此紧张的氛围里不止小新有抑郁倾向，小新的妈妈和老婆可能也存在一些情绪问题。婆媳关系失调，往往由夫妻关系或亲子关系不和谐引起，其根本的原因是原生家庭和新生家庭边界不清。原生家庭是我们从小到大生活成长的家庭，也就是我们父母的家，而新生家庭是我们结婚之后跟伴侣的家。结婚后，夫妻双方都要脱离原来遮阴避阳的"父母树"的庇护，不该对原生家庭、对父母有过多地依赖，而应该迅速成长成熟，肩负起新生家庭的责任，与自己的伴侣和子女携手共度风风雨雨。

人际关系所致抑郁症的治疗

当不和谐的人际关系形成后，首先找到其原因，才能对症下药。案例中小新的妈妈来帮忙照顾媳妇，媳妇和儿子要感恩母亲的付出；婆婆要明白自己是来帮忙的而不是来做女主人的，这个家的主人是儿子和媳妇；小新要明白，妈妈是自己的母亲，媳妇是自己的爱人，双方都是自己最重要的人，当出现矛盾时自己要在母亲和媳妇之间协调缓和关系。只有相互尊重，人与人之间的关系才能和谐美好。

在治疗方面，目前对于人际关系所致抑郁症的治疗与其他抑郁症的治疗大同小异，主要包括心理治疗、药物治疗和物理治疗，三者可以结合使用。

（1）心理治疗：轻度抑郁症可采用心理治疗，常用的心理治疗方法包括：支持性心理治疗、认知行为治疗、人际关系疗法、积极心理疗法和家庭治疗等。

案例中小新由于婆媳关系恶劣而导致的抑郁症,就可以采用家庭治疗的方式,邀请小新的伴侣和母亲进入家庭治疗之中,促进家庭成员之间互相理解尊重,增进彼此的情感交流和相互关心,最终达到缓和家庭矛盾,形成良好的人际关系的结果。

(2)药物治疗:中重度抑郁症的患者临床上大多采用药物治疗。三环和四环类抗抑郁药(TCAs,如阿米替林、普罗替林、多塞平等),选择性5-羟色胺再摄取抑制剂(SSRIs,如氟西汀、帕罗西汀、曲舍林、西酞普兰等),单胺氧化酶抑制剂(MAOI,包括吗氯贝胺、托洛沙酮等),这些都是比较常用的抗抑郁药。目前针对各类抑郁症发病机制的上市抗抑郁药物各具优缺点,普遍而言副作用比较大。中药方面,可通过辨证论治,疏肝解郁,调理气机中药疗法,来平衡人体脏腑功能,使患者心情舒畅,对患者抑郁伴随的一些症状也要及时对症的处理。中西药结合,可有效降低药物治疗带来的不良反应。

采用心理治疗伴药物治疗进行,有助于提高患者的服药依从性和主观能动性,让患者更加积极主动参与治疗,促进患者早日康复。

(3)物理治疗:临床物理治疗包括电休克疗法、经颅磁刺激等等。电休克治疗通过对患者脑部进行定性放电,同时伴随全身抽搐,使患者暂时性意识丧失,见效明显。经颅磁刺激是指利用一定强度的磁场穿过颅骨应用于脑组织，产生感应电流，刺激脑部细胞，从而引发患者一系列心理生理反应，达到治疗效果。心理治疗与药物治疗通常起效慢、疗程较长，而物理治疗起效快，可以弥补这些不足，但不良反应也较为明显。对于物理治疗的观察、探索和改进还在继续，技术的发展将带来更稳定可靠的治疗效果。

在预防方面，父母在对孩子进行教育时，施行民主型教育，理性之中不乏温情，建立好孩子的第一个人际关系。社会应当加强心理健康教育，让人们对人际关系以及所致抑郁情绪有更多的理性认识。当个体遭遇人际困扰时，可以对自身的人际关系及抑郁情绪有更多觉察，适当进行一些社交能力、问题解决能力以及情绪调节能力的练习与提高，提升自我价值感。在遇到自己难以解决的人际困扰时，可以多向身边的人求助，不要让自己陷入严重的抑郁情绪之中。与此同时，社会支持也是预防抑郁症的重要一环，父母及朋友给予遭遇困扰的个体更多的支持与温暖与帮助，关心他的情绪状态。日常家庭生活中，家人们彼此的理解包容就像一团火焰，能融化彼此心中的冰霜，理解包容可以让生活更加幸福温暖，让家人之间关系更加甜蜜，让生活更多姿多彩。

第六节
围产期抑郁情绪

二宝妈的忧伤

看着镜子里那个身材走样、满脸黄褐斑的孕妇,梅梅痛苦地流下了眼泪,"这还是我吗?原来窈窕秀丽的自己去哪里了?"梅梅嘴里喃喃自语着,"我这样到底是为了啥呀,早知道会变成这样,真不该怀这第二胎!"

自从国家全面开放二胎计划生育政策后,已经有个10岁女儿的梅梅经不住家人的劝说,在经过备孕一年后,36岁的她终于怀上了二胎,全家人都很开心。唯独梅梅本人却闷闷不乐,开心不起来。虽说梅梅已经顺利产下一女,应该是个有经验的孕妈,但这次的怀孕让梅梅感觉非常不顺。这第二胎早期的孕吐比第一胎还严重,同时作为高龄孕妇的梅梅,每一次产检前的那夜总是睡不着,提心吊胆担心产检有问题,不是害怕孩子有畸形,就是担心孩子缺胳膊少腿怎么办?唇腭裂怎么办?胎儿性别不符合家人的期望怎么办？无创DNA检查不准怎么办？羊水穿刺导致流产怎么办……"粗线条"的丈夫有时也会觉得她烦，又不是没生过，有这时间胡思乱想还不如陪大宝写写作业。忧心忡忡的梅梅在家人这里得不到理解，导致工作中也心不在焉，只能早早请了病假。病假在家后，梅梅感觉工作上对不起同事，自己给别人添了麻烦；看见大宝又觉得自己忽略了大宝，感觉对不起她，懊恼何苦要再生。

体力不支也困扰着梅梅，原先怀第一胎时快生了她还能健步如飞逛商场，可这第二胎自从怀孕起就精力不足，还水肿，长斑，妊娠纹肆意生长。种种的纠结烦恼导致梅梅孕期情绪非常不稳定，临近产期，她又开始担心不能顺产，产后母乳不够怎么办？整个孕期可谓是磕磕绊绊，终于等到一朝分娩，是全家期盼的健康男孩。可梅梅却还是闷闷不乐，感觉孩子生下来并不是解脱，而是另一段痛苦的开始，原先驾轻就熟喂奶、换尿布等看似简单的事儿，梅梅都无力应对，无法缓解的疲惫感眼看就要压垮她了，无奈的梅梅在家人的陪伴下来到了心理门诊。

妊娠期女性生理心理特征

妊娠期是生理学名词，亦称怀孕期，是胚胎和胎儿在母体内发育成熟的过程。从妇女卵子受精开始至胎儿及其附属物自母体排除之间的一段时间。为了便于计算,妊娠通常从末次月经的第一天算起,约为280天(40周)。怀孕后1-3个月为孕早期,4-6个月为孕中期,7-9个月为孕晚期。

在这个过程中,女性生理会随着孕期的延续发生一系列变化。与此同时也会出现相应的心理变化。

(1)内分泌系统的变化:随着妊娠时间增加,母体内雌激素、孕激素及胎盘激素的水平相应升高。孕期甲状腺分泌的T3、T4水平升高。

(2)代谢改变:妊娠期在多种激素的影响下,母体的合成、分解代谢均增强,合成代谢>分解代谢,基础代谢率增高。

(3)消化系统的改变:孕早期孕妇常有恶心、呕吐等妊娠反应。由于胃肠道平滑肌张力降低,胃酸分泌减少,肠蠕动减弱,常出现胃肠胀气和便秘。对钙、铁、维生素B12、叶酸等营养素吸收增强。

(4)肾功能的改变:由于孕妇及胎儿代谢产物增多,肾脏负担增加。蛋白质代谢产物等排泄增多。一些营养素从尿中排出。由于肾小管对葡萄糖再吸收能力相应不足,故孕妇饭后可出现糖尿。

(5)血液系统的改变:血容量逐渐增加,至妊娠32—34周达到高峰,比妊娠前约增加35%-40%,血液成分发生改变,可出现生理性贫血。

(6)体重增加:孕期孕妇体重逐渐增加,至妊娠末期可增长

10—12kg。妊娠前三个月体重增长较慢,在此期间子宫及乳房增大,血容量增加;孕中期体重增长迅速,母体开始贮存脂肪及部分蛋白质;孕晚期主要是盆腔及下肢间质液增多。

在孕早期,激素水平急剧变化,有些孕妇会因为早孕反应出现烦躁,情绪低落。早期胎儿不稳定,有些孕妇此时会小心翼翼,特别是有过早期胎停或早期意外流产的孕妇。另外,孕早期,孕妇要开始在医院有规律地产前检查,有些孕妇总是会不由自主地担忧胎儿发育。产检的排队等候、舟车劳顿也会成为部分孕妇的烦躁来源。

孕中期相对来说是一个稳定的时期。早孕反应逐渐消失,孕妇身体上逐渐适应怀孕状态,随之情绪也会相对平稳。但也有些孕妇会因脸上渐渐长斑,乳头渐渐变黑而苦恼。工作与安心待产的取舍也是职场女性不可回避的问题。

孕晚期对于孕妇来说,又是一个十分辛苦的阶段。随着妊娠月份增大,孕妇的体重逐渐增加,行动渐渐不便。肚子渐大,腹部压力增大,有些孕妇会出现便秘、尿频,影响睡眠。有的孕妇会出现脚肿、腿肿,甚至妊娠期高血压、糖尿病。也有不少孕妇在孕晚期妊娠纹疯长。身体上的变化会给部分孕妇带来情绪上的困扰。临近产期,又可能对生产方式(顺产怕疼怕盆底肌受损,剖腹产怕对宝宝不利又增加费用等)、产后婴儿养育等产生一系列焦虑或抑郁情绪。

我们故事中的梅梅几乎整个孕期都处在焦虑、抑郁的状态。

产后抑郁

梅梅患的产后抑郁症是女性精神障碍中最为常见的类型，是女性分娩之后，由于性激素、社会角色及心理变化所带来的身体、情绪、心理等一系列变化。其表现与其他抑郁障碍相同，情绪低落、快感缺乏、悲伤哭泣、担心多虑、胆小害怕、烦躁不安、易激惹发火，严重时失去生活自理和照顾婴儿的能力，悲观绝望、自伤自杀。如能早期识别，必须积极治疗。

产妇的抑郁因素有多方面：首先孕妇在分娩的过程中，体内内分泌环境发生了很大变化，尤其是在产后的24小时内，体内激素水平急剧变化，是产后发生抑郁的一个生物学基础；其次宝宝出生后，妈妈需要耗费很大的精力去照顾宝宝，此时家里人注意力如果全部转移到宝宝身上，而忽略了妈妈的情绪，妈妈们心理会有落差感，心理压力和情绪波动会很大，容易患上产后抑郁。

有些有家族史患者，其产后抑郁的风险会更高；产前的心态与产后抑郁的发病也相关，像发生难产、滞产或者阴道助产以及手术助产等等，都会给产妇带来紧张和恐惧，导致生理和心理上面的应激增强，从而诱发抑郁。有些躯体方面的疾病，比如感染、发热对于抑郁的触发也有一定影响。产后抑郁不仅对母亲的影响比较大，也会影响母亲照顾婴儿，影响母婴互动。

不要以为产后抑郁是母亲的"专利",新手爸爸也可能会出现产后抑郁。有些新手爸爸因为身份变了,责任变了,家庭重心变了,同样也在面临巨大的心理挑战。经济压力的增加,家庭琐事的增加,工作上还要继续努力,如果对新妈妈、宝宝照顾不周还可能得到丈母娘的埋怨,所以现在不少新手爸爸也会出现抑郁情绪。

如何应对

产后抑郁虽是一种高发病率的心理疾病,但是如果能在产后得到家人更多心理上的关注以及更好的生活上的照顾,那么就会激发高治愈率。比如家人多些时间照顾宝宝,让产妇能够拥有足够的时间休息,生活细节上对产妇多嘘寒问暖,让产妇感觉到自己是被重视的等等都能在一定程度上缓解产妇的抑郁心理。

(1)学习孕育知识,提前做好生育的心理准备。

研究表明父母做好心理准备,以积极的心态迎接新生命的到来,对孩子的性格,都是有影响的。积极的迎接和消极的接受,就算是胎儿也是能够感受得到的啊!在怀孕期家里可以常备育儿类图书百科全书,关注育儿公众号,多参加医院组织的孕产妇学校。与朋友家人多聊聊孩子,当你开始研究育儿经时,对孩子的东西感兴趣,你已经在不知不觉地想做个好妈妈了，随着宝宝的到来，你会发现自己开始喜欢小孩子。

（2）丰富孕期生活，保持健康的生活方式。

音乐、画画、刺绣或烹饪等这些都可以丰富自己的孕期生活，也能改善自我的身心健康，更是一个有利于胎宝宝健康发育的科学胎教。散步和瑜伽等也是孕妈妈锻炼的一个不错项目。孕妈妈怀孕后要多与人交流，可与同期怀孕的朋友们分享感受，也可向已经生过孩子的"前辈们"请教获取经验，或参加一些专门为孕妈妈举办的活动，以排解孕妈妈、产后妈妈产前、产后忧郁症状。妈妈们为了多了解一些分娩育儿的知识，也可以专门报名去听专业老师讲授孕产育儿知识，如"妈妈教室"等，丰富自己的视野；妈妈可以在知名的母婴网站或论坛里发帖子交流经验。

（3）生育不是一个人的事，另一半应全程参与。

产妇出现抑郁心理，在很大程度上，与没有做好照顾婴儿的思想准备有关。所以作为产妇的丈夫，如果发现产妇患有产后抑郁症，要给予更多的关心和陪伴，多和产妇进行交流，给予她更多的关爱。丈夫要意识到照料婴儿是一件劳心劳力的事情，是容易加重新妈妈抑郁症状的诱因。这时如果家人能够把产妇从照料婴儿的这一重担中解放出来，让产妇能够得到充分休息，可以很好地缓解产后抑郁症。

（4）一旦产妇出现产后情绪方面的问题，要及时去精神科就诊，接受专业的评估和帮助。

对产后抑郁症的治疗最有发言权的,应该就是接受过专业培训、拥有相关专业技能和临床实践经验的精神科医生了。如果产妇在家中自我调节效果不明显,为了确保产妇乃至新生儿的身心健康发展,最好说服产妇接受心理咨询和治疗。通常对于产后抑郁症,医生都会以心理疏导为主,如果患者的症状较为严重,可能会根据病情加入抗抑郁和抗焦虑药物。

怀孕和生产过程本来就会给产妇带来生理上和心理上的巨大变化,而生产时的特殊场面,无疑更会给产妇心理上带来恐惧和压力。这些不良情绪,再加上产后体虚气弱的身体状况,就构成了产后抑郁症的主要诱因。因此想了解产后抑郁症治疗,首先就要从产妇的心理根源上斩除抑郁心结,平复产妇的情绪,让产妇将精力更多地转移到对宝宝的照料和疼爱上。这对产后抑郁症的治疗十分有效。

最后,相信我们给予的关爱,就像阳光雨露能驱散产妇心中的恐惧,消除她的无助,让她们感受到人心的善意和温暖,可谓世事千帆过,阳光总在风雨后。

第四章

更年期的抑郁情绪

—— GENGNIANQI DE YIYU QINGXU ——

第一节
女性更年期的心理保健

王阿姨的中年危机

"医生,我最近总是容易心烦意乱,静不下心来,还时不时发脾气……"

王阿姨,一位49岁的街道干部,亦是小区模范之家的贤内助。平时在人们口中是为人好、热心肠、能力强的"王大姐",最近却不似以往,王阿姨的丈夫刘大叔在一旁小声向我们诉苦:"我老婆最近阴晴不定,就像个定时炸弹,时不时……"话还有半截哽在咽喉,王阿姨便一个白眼,硬生生地让刘大叔吞下了后半句话。

原本相敬如宾的夫妻俩,如今时常因小事而吵架。有一次,只因王阿姨觉得刘大叔晚上打呼噜太响,影响了自己睡觉,便对自己的丈夫百般指责。刘大叔也是不解,自己这打呼噜都十多年了,之前王阿姨顶多也就撒娇地抱怨一下,怎么最近就动了真格，嫌自己吵了呢？诸如此类，不胜枚举。

家庭琐事如此，夫妻房事亦是不和。王阿姨最近不愿与丈夫同房，曾经两人的恩爱可谓是如胶似漆，但如今她似乎变了一个人。刘大叔面对自己爱人态度的转变，甚至还一度怀疑王阿姨在外有了"新欢"，而与王阿姨大吵一架。正好王阿姨也嫌弃刘大叔打呼噜影响睡觉，两人便开始分房就寝。

然而少了卧榻上丈夫的鼾声，王阿姨却依旧难以入眠，有时一觉醒来才凌晨三四点。独自夜难眠，方知这时光的漫长与煎熬。细细想来，自己如今确实变得焦躁易怒，身体也不似以往爽朗，总觉内心烦热、失眠多汗，精力大不如前，时常感到疲乏困倦。同时也觉得自己的丈夫不似当年那般呵护自己、理解自己、体谅自己。自己的存在仿佛失去了价值。思到伤心处，悲如泉涌，王阿姨不禁暗自神伤、潸然泪下。

王阿姨此后工作不在状态，在家中也沉默少语，让人感觉像丢了魂一样。王阿姨究竟是怎么了？曾经待人亲和、工作负责、夫妻恩爱、家庭和睦的王阿姨为何会出现心烦怕热、难以集中注意力、情绪不稳定，甚至对平时感兴趣的事物都提不起劲来？通过详细询问王阿姨的身体情况，我们得知王阿姨的月经已经连续几个月不规律了，原来这一切都是"更年期"捣的鬼。

更年期——人生中转站

那么何为更年期呢？更年期是指妇女从生育期向老年期过渡的一段时期，一般始于40岁，历时短的可以数年，长者可达10-20年，绝经是重要标志。在此期间，因性激素分泌量减少，出现以植物神经功能失调为主的症候群，称更年期综合征。这一时期，机体的新陈代谢和内分泌功能，特别是性腺功能逐渐向衰老过渡，机体处于一种不稳定的状态，易出现各种心身问题。

但从心理层面来说，与其将更年期的表现视为一种临床症候群，不若说是人生旅程中的一个必经的阶段。如若在更年期不做好充分的应对准备，就可能会像上文中的王阿姨一样，终日惴惴焉，以致人未衰而心先老，徒增烦恼，易于导致颓丧、紧张焦虑、喜怒无常，严重时甚至引发更年期抑郁症，严重影响日常生活，加速衰老。

更年期抑郁症，女性不可承受之殇

"抑郁症"大家一定不陌生，纵观国内外，无论是川端康成、海明威、梦露，还是三毛、海子、张国荣，都因其而殒命。但是更年期抑郁症不仅仅是心理的，还伴随身体内环境失衡的双重打击，成为女性的不可承受之殇。更年期抑郁症的表现有哪些？在日常生活的环境中，我们是可以觉察得到的。一般生理性的躯体变化表现常在精神症状之前出现，往往随着病情发展而加重，经过治疗后这些躯体症状消失得也会比精神症状早。比如，月经变化、睡眠障碍、经常性的便秘、眩晕、乏力、心悸、胸闷、四肢麻木、发冷或发热、血压脉搏不稳等。女性更年期抑郁症的精神症状通常根据病情的逐步加重而加重。通常起病时，患者常表现为情绪低落、郁郁寡欢、焦虑不安、过分担心发生意外，以悲观消极的心情回忆往事，对比现在，忧虑将来。情绪沮丧、思维迟缓、反应迟钝，自感精力不足、做事力不从心、对平常喜欢的事提不起兴趣，特别是易疲劳，休息后也不能缓解。情况严重者甚至可出现悲观厌世、喃喃自语、悲伤哭泣、惶惶不可终日，觉得自己的存在毫无意义和价值，为寻求解脱而发生自伤、自杀行为。由此可见，躯体症状的治疗相对容易，而心理保健常常被忽视而引发灾难性的后果。

所以，女性更年期的心理保健是提高妇女生活质量的重要内容和有效手段，重视妇女更年期的心理保健工作，是为老年妇女身心健康打下基础，为女性今后欢乐、和谐的晚年生活做好充足准备。

女性更年期心理保健

那么，更年期女性有哪些心理保健方法呢？

随着社会的发展，女性的生活水准和社会地位提高，在物质生活得到满足的同时，精神富足也至关重要。而更年期的症状相对来说对一些生活条件比较优越、社会地位较高的女性反应比较明显，下面向您介绍一下女性更年期的保健方法：

（1）养成乐天性格：女人更年期要学会培养自己成为一个乐观、风趣、幽默、性格开朗的人；处世待人要心胸开阔、宽厚为怀、不事事斤斤计较、患得患失；任何事情都能拿得起、放得下。

（2）学会转移矛盾：当女人更年期伤心、焦虑、生气时，应设法消除和缓和，变不利为有利，如出去看戏剧、听音乐、赏画、走亲访友、结伴郊游等，有利于保持精神愉快。

（3）主动与人来往：在人际交往中，人们可以相互交换观点与想法，尤其是当女人更年期有不愉快之事时，讲出来既解除了内心的憋闷，又能得到朋友的帮助、安慰和理解，心情会好很多。

（4）培养广泛兴趣：女人更年期培养广泛兴趣，可从自己取得的成绩中看到自己的价值，引以为乐。当一种你所感兴趣的东西暂时得不到时，就可由其他的方面得到补偿，使更年期生活时时处处充满着乐趣，得到满足。

（5）处理好家庭、社会关系：更年期妇女的情绪容易激动，这样就很容易跟家人发生矛盾，这就要求大家要互相体谅，遇到事情要冷静，不要因为一点小事，或者一句不顺耳的话而大动肝火,家庭和睦是全家的幸福,同时也是避免更年期抑郁症的重要因素。

(6)心理干预:许多女性都了解,在更年期时保持良好的心理和愉悦的情绪,对更年期症状有很好的辅助治疗作用,但是在生活中还是会不由自主地克制不住自己的情绪,这时候可以通过心理治疗让更年期女性调整好自己的心态,充分了解到更年期相关身体和心理症状的本质,知道更年期相关的心理症状,如焦虑、抑郁等是功能性的疾病,是可以治愈的,从而消除恐惧和疑虑,正确看待疾病,发挥自身的主动性和积极性,配合心理治疗师的治疗。

临床药物等干预

如果通过心理调节的方法还无法很好地改善相关症状,那么可能就需要内科用药来帮助我们调节自身身体、心理的相关问题。

(1)性激素类药物:更年期女性常出现月经不调、性欲减退,或出汗、怕冷、消瘦、乏力等症状,这些症状产生的主要生理机制是由于卵巢功能逐渐衰退,雌性激素分泌量减少而产生的,所以适量的补充雌性激素,对躯体症状的改善有很大帮助。雌激素的来源可分为食源性和药源性,平时所吃的豆类、蜂王浆、坚果类中均含有较高的雌激素类似物,更年期女性可以适当增加这些食物的摄入，从饮食上调节自身内分泌的功能；而药源性雌激素主要就是各种雌激素制剂，可以在短时间内快速缓解更年期女性的潮热汗出，增加皮肤光泽，改善性生活质量。对于焦虑、抑郁情绪也有一定的辅助作用。具体的应用必须在专科医师的指导下进行，切莫自行服用。

（2）抗抑郁药：如果女性在更年期经常出现焦虑不安、紧张恐惧、稍有惊动不知所措、情绪低落、悲观失望，常哭哭啼啼、自责自罪、主观臆断、猜疑他人，或是怀疑自己患某种病，甚至引起自伤、自杀等行为。由于心理治疗起效较为缓慢，疗效程度也因人而异，所以出现上述情况，就需要在精神专科医师的指导下，进行相应的抗抑郁治疗。常用的药物有SSRIs、SNRIs、NaSSA等，这些药物通过调节脑内神经递质的水平，达到改善抑郁情绪的作用。

（3）中医中药：面对更年期焦虑、抑郁等相关心理问题，我国的中医中药也具有重要的地位。在临床上，中医辨证施治，根据不同的表现类型采用不同的治疗方案。对于肝郁气滞型的患者来讲，可以通过柴胡等疏肝散结、理气解郁、疏肝和胃。对于心脾两虚型的患者可以进行健脾养心，或者是补益气血，往往可以应用归脾汤。而对于肝郁脾虚型的患者来讲，疏肝健脾，化痰散结非常重要，可以应用逍遥散合并半夏厚朴汤。而对于肝胆湿热型的患者来讲，可以采用龙胆泻肝汤进行清肝利胆，或者是宁心安神治疗。

日常生活管理

1. 饮食

（1）控糖，每天糖摄入 ≤ 50g；

（2）少油，每天油脂摄入在 25-30g；

（3）限盐，每天食盐摄入 ≤ 6g；

（4）限酒，酒精对身体总是有害的，无饮酒习惯者应保持不饮酒的生活方式，有饮酒习惯者应尽量减少饮用量；

（5）足量饮水，每天尽量保证 1500-1700ml。

2. 运动

（1）更年期妇女应针对自身条件制订运动方案，要循序渐进、持之以恒。

（2）每日规律有氧运动，如慢跑、骑自行车等，每周累计 150 分钟，另加 2-3 次抗阻运动，如哑铃、沙袋，以增加肌肉量和肌力。

（3）坚持舞蹈、体操等体育锻炼，可达到促进身心健康的目的。

（4）从事绘画、书法、下棋等活动，将使生活更加充实，心情更为愉快。

3. 生活方式

（1）科学作息，合理安排工作和休息，保证充足的睡眠，一般应做到早睡早起、定时起居，每晚保证7-8小时睡眠，有条件者要在午餐后再小憩半小时到1小时。为保证睡眠质量，晚间睡前不宜看惊险、悲惨的电视剧或电影。

（2）保持适当的性生活，增进夫妻情感，和谐家庭生活。

（3）每年定期健康体检。

王阿姨在专科医生的治疗下，没过多久，心烦怕热、紧张焦虑、郁郁寡欢情况渐渐好了起来，不仅如此，王阿姨和刘大叔的夫妻感情也逐渐恢复到了从前的时候，两人有说有笑，别提有多甜蜜了。连王阿姨自己都觉得不可思议，对比之前和现在，感觉自己重获新生一般！所以更年期并不可怕，及时调整心态、适时寻求专业治疗、保持和谐家庭关系，有着更年期困扰的女性，都可以顺利地度过这一阶段，迈向美好生活的新篇章！

第二节
越辉煌越失落——退休后抑郁(适应障碍)

李叔叔的烦恼

60岁的李叔叔退休了,两个月前他还是被人前呼后拥、整日忙于工作、一出差就不知何时回家的市委秘书长,转眼间就过起了睡到日上三竿也没有一个电话、在家里无所事事的退休生活。曾经李叔叔也是个吟诗作画的文青,原本计划和隔壁赵叔叔一起去老年大学写字画画,但长期荒废之下,写出来的东西实在难以登堂入室,于是去了一次之后就再也不愿继续去丢人。去门口逛逛公园呢?下棋聊天的那些人都有固定的圈子,李叔叔去了总觉得插不上话。买菜烧饭做做家务?君子远庖厨,这哪里是男人做的事情?李叔叔在家闲坐数天后终于发现家里的餐桌已经使用多年,可以换一个了。于是一通电话把儿子女儿全部召集来,开会讨论如何更换餐桌。首先要成立个家庭委员会,选举出书记、秘书长等职务构成领导班子,就更换餐桌的预算进行讨论。两个星期开了三次家庭会议之后，餐桌没换成，儿子女儿开始用各种各样的理由请假缺席。李叔叔觉得生气，让你们回趟家怎么就这么难？李阿姨原以为老公闲下来后能过几天安稳日子，结果李叔叔不是说她这个买得不对就是那个做得不好，好不容易折腾满意了，李叔叔又开始身体不舒服。上周因为早上起床时心慌去了急诊，查了一圈也没发现什么问题，这周又因为晚上睡觉时胃痛得睡不着，住进了医院，医生也没说是什么病，给开了点中成药让出院回家养养。短短一个月的时间，李叔叔精神差了好多，开始觉得自己身体是不是好不了了，检查做了，药也吃了，不仅没好转反而感觉越来越差，走两步就觉得气喘吁吁，身体也没有力气，自己真的是老了没用了吗？

李叔叔的困扰相信很多人多多少少都听说过或者正在经历。辗转多家医院后，李叔叔终于明白，自己得了"退休后抑郁"。这是个什么东西呢？

"退休后抑郁"是老年人常见的一种心理危机。由于生活状态从长期紧张而规律的职业生活突然转变到闲散而无规律的离退休生活，加之社交范围的缩小、人际关系发生改变，一些老年人在一段时间内难以适应退休生活，并且出现异常行为，严重的甚至会引起其他疾病。据统计，约有1/4的离退休人员会出现不同程度的心理问题。退休后抑郁的主要表现有以下几方面：

（1）抑郁症状：情绪低落，忧伤、沮丧，整日消沉、萎靡不振；感到失落、孤独、衰老无用，对未来生活悲观、失望；行为退缩，自信心下降，兴趣减退，对以前感兴趣的活动也不想参加，不愿主动与人交往。

（2）躯体不适症状：常出现头痛、头晕、胸闷或胸痛、腹痛、乏力、全身不适等不能用躯体疾病解释的症状。

（3）多伴发有焦虑症状：比如出现坐立不安、心烦意乱、敏感，紧张、恐惧、多汗、心慌等症状。

（4）适应障碍：在疾病分类系统中，"退休后抑郁"属于"适应障碍"的一种。我们在明显的生活改变或环境变化时或多或少都会产生短期、轻度的烦恼状态和情绪失调，经常会伴有一定程度的行为变化。常见的生活事件比如：失业、退休、变化岗位、搬家、转学、离婚、丧偶、重病、经济危机等等。如果长期处于这些生活事件之中，并产生了一系列担忧、烦躁、抑郁等情感障碍，以及适应不良行为（如不愿出门活动、生活无规律等）和生理功能障碍（如睡不着、没胃口等），并使社会功能受损，这种慢性心因性障碍就称为适应障碍。

上文提到的那些事件被称为"应激源"，它们多种多样，可以来自方方面面，可以是单个，也可以是多个；可以突然而来，也可以缓慢发生。较常见的应激事件如：地震、疫情、失业、工作或学习严重受挫、亲属突然死亡、被歧视、长期经济困难、婚变、空巢现象、健康状况恶化等等。老年期适应障碍的社会心理应激事件较多地见于健康问题、离退休问题及家庭因素。如果发生的程度或者持续时间超出了个体所能应对的程度，需要努力解决或回避时，就会产生应激反应。如果应激过于强烈或持久，或个体存在易感素质，应激反应超出个体的承受能力，这时就会引发适应障碍。

离退休会带来一系列的生活适应问题

首先是生活规律被打破，以前的必须到点起床变成了爱睡到几点就睡到几点，很多人的生活规律就此彻底打破；其次是朋友圈子，以前工作时候的朋友现在多半不来往了，需要在自己的社区里重新寻找新朋友，适应新圈子，否则就只能整天闷坐在家里，无所事事；再次，离退休还会影响到收入，尤其是在机关事业单位退休的老年人，更加明显地感受到收入减少，这些都会导致社区老年人在面对离退休时出现各种心理和行为上的不适应。

对于同样的事件，为什么有的人能很快适应，有的人却表现为情绪低落，睡眠差，甚至茶饭不思呢？这与不同人的主观感受以及心理特征都有着密不可分的关系。一个喝喝茶看看报的闲职人员与身居要职的李叔叔对退休这一事件的体验明显不同。具有焦虑或抑郁障碍病史或家族史、内向自卑、敏感多疑、冷漠、难以沟通等特征的人群，应付心理应激的能力比较低下。个性开朗、乐观、坦诚、善于处理人际关系、有良好的家庭环境和得到社会支持均有助于应付应激和挑战，帮助个体尽快从中解脱出来。

老年人退休后，由于职业生涯的结束、生活节奏放慢、经济收入减少等变化常使他们产生失落感，导致情绪低落。工作环境、社会地位、家庭环境改变是离退休老年人患抑郁症的主要诱发因素。同时，由于在职时注意力集中在工作上，也容易忽略身体健康而积劳成疾，离开工作岗位后，随着注意力的转移，身体功能的衰退，疾病的隐患逐渐暴露，有人会认为自己年纪大了、身体不行了，这些也是诱发和加重疾病的重要原因。

老年人适应障碍应从以下几个方面入手

（1）首先应了解离退休人员的心理变化，有针对性地做好心理干预工作。离退休后生活模式急剧改变，调节不好便会出现消极、悲观等心理。这就要求家庭社会应多方面关怀体贴老年人，帮助离退休老年人调整好心态，充实他们的生活内容，培养适当的兴趣爱好，使老年人在愉快而充实的生活中完善自我，增加老年人对生活的无限热爱。

（2）其次，老年人的身体健康问题严重影响生活质量及幸福程度，要鼓励他们经常参加日常锻炼，如慢跑、太极拳、散步等,从而提高机体免疫功能,增强抵御疾病的能力。已经出现各种躯体不适的需引起重视,力争达到早发现、早诊断、早治疗。积极向老年人介绍疾病的有关知识,有针对性地做好健康教育,如指导高血压患者低盐饮食、戒烟酒,坚持长期服用降压药;高血脂患者注意低脂、低糖饮食,并配合降脂药物进行治疗,即使血脂正常也不能随意停药,避免疾病出现反跳;慢性胃炎、胃溃疡等消化系统疾病患者要养成良好饮食习惯。通过健康教育,使离退休老年人对其本身的疾病和发病诱因有一定的认识,延缓疾病的发生发展。

(3)再次,老年人的家庭关系问题,也是老年人适应障碍的影响因素之一。到退休年龄的老人一旦从岗位上下来,几乎全部活动都离不开家庭这个范围,因此良好的家庭环境、晚辈的尊重和照料对老年人显得尤为重要。给予离退休老年人更多的心理情感支持及生活上的照料、亲情的慰藉和家庭的支持,在很大程度上能减轻老年人的心理压力,从而减少抑郁等悲观情绪,降低负性心理。家庭成员应多关心和体谅老年人的心情,尊重老年人的成就感和权威感,维护老年人在家庭中的地位。

我国传统的生活方式是以家庭养老为主,相对缺乏老年社会保障措施,因此也要改变养老模式,增加社会养老的积极作用,为老人提供充足的活动场所,定期组织各种活动,如各种形式的比赛、培训班、保健知识讲座等。让老年人多走出家门参加各种活动,使他们在人与人的交往中交流、学习。对于低龄健康状况好的人群,可以通过再就业、参加公益或志愿者活动、老年大学等多种方式保持与社会的紧密联系。老年大学不仅仅能够为他们提供新的知识,更重要的是提供一个师生、同学之间相互交流的优良环境,使他们的情感有表露和交流的途径。此外,还可以充分利用特有的工作经历、经验及技术等发挥余热:企业员工可从事技术顾问或服务类职业;事业单位人员、公务员返聘或提供社会公益服务(社区医疗卫生知识普及,老年防诈骗知识普及等)。

通过这些方式,希望越来越多像李叔叔一样的老年人既能够重新找到自己的位置,发现自我价值,确立新的人生目标和理想,生活得更加丰富、充实,也能够正确地面对死亡和疾病等消极因素,不再整日与情绪低落、无望、恐惧相伴。

第三节
空巢生活易"空心"

王医生的"粉丝"

周二下午心内科王医生门诊,预约下午3点的刘女士早已等在诊室外,听到系统叫号,刘女士便赶紧走进诊室开始向王医生诉说病情。刘女士3个月前因胸闷、心慌来心内科就诊。检查提示其有心肌缺血表现,余无异常,王医师给予改善心肌供血、营养心肌等药物治疗。刘女士每天规律服药,胸闷心慌症状稍有好转,但每天还是会有发作,尤其是一个人待在家的时候。刘女士每周都会来王医生门诊就诊,风雨无阻,像个忠实的"粉丝"。最近两次就诊,王医生发现刘女士除了重复诉说自己不见好转的胸闷症状外,语音较低沉,面孔消瘦,多次提到"活着没意思",王医生怀疑刘女士存在精神心理问题,建议其至精神科就诊。

一天后,刘女士在丈夫的陪同下来到精神科门诊,医生诊断刘女士患了"抑郁症"。原来刘女士的女儿四个月前去往外地读大学,作为家庭主妇的刘女士生活好像一下子没了重心,每天不知道该做点什么,常常发信息、打电话给女儿,有时女儿一时没有回信息就担心女儿可能出了什么意外,因而忧心忡忡,焦虑不安。而女儿沉浸在新的校园生活中,丈夫也忙于工作都没有看出刘女士的变化,只是觉得刘女士可能是不太习惯女儿不在家的日子,过段时间就会慢慢好起来。可刘女士的症状并没有随着时间的推移而好转,并且逐渐开始出现心脏不适、睡眠变差、胃口差、体重减轻等症状,进而有了"活着没意思"的轻生念头,逐渐演变成了抑郁症。

什么是"空巢"

空巢本指小鸟离巢后的情景,现多指家庭中因子女外出工作学习,老人独居的一种现象,是家庭生命周期中的一部分,而一旦配偶去世,则家庭生命周期进入鳏寡期。空巢期与鳏寡期对老年人来说是生活中容易发生困难的两个重要阶段。

随着独生子女逐渐离家求学、就业和结婚,独生子女家庭骤然变为空巢家庭。此类"空巢"家庭的成员是那些长大成人的独生子女的父母,他们中的许多人还不到50岁就进入"空巢"家庭生活,空巢现象已经不再是老年人的"专利"。中年空巢作为一种新的社会现象引起了人口学、社会学及心理学等学者的关注。

由于受家族主义文化的影响,在传统的华人家庭中,纵向的亲子关系常常强于横向的夫妻关系,家庭生活的重心常常是子女(尤其是独生子女)的成长,这样,近20年的生活形成了一定的家庭生活模式,孩子不仅是家庭生活的重心,也是联系父母感情的纽带。孩子的日常活动和生活需要,也是父母交流的主要话题。在这样的情况下,孩子离家意味着"空巢"家庭里的父母不得不改变近20年形成的生活方式和日常交流内容,将家庭生活的重心从亲子关系转移到夫妻关系,将夫妻交流的主要内容从孩子的生活转向夫妻生活。这种转移的实现需要夫妻双方的有效沟通和共同努力。如果缺乏沟通知识与手段,则可能加剧夫妻双方"空巢"期的失落和寂寞。而另一方面,进入"空巢期"的中年夫妻正值人生的"多事之秋"。从时间上来看,"空巢"这一家庭结构的变化与女性生理上的"更年期"、男性心理上的"中年危机"以及职业发展变故重合在一起形成多重影响,继而对原生家庭的和谐、婚姻质量、个体生活质量、幸福感及心理健康等造成不同程度的影响。

如何渡过家庭"空巢期"

解决空巢家庭问题需要个人、家庭共同努力。

父母首先要善于安排好自己的生活,充实生活内容,增强人际交往,参加各种文体活动,把自己融入社会之中。其次父母要对子女的离家提前做好充分的心理准备,逐步减少对子女的依恋。

配偶要一起积极适应新的生活。一般来讲,婚姻关系是人的一生中最长久和稳定的人际关系,婚姻质量的好坏对心理健康、生活满意度有着重要的意义。国内外许多研究结果证实,婚姻关系的质量可以影响到个体的心理健康和生活质量。婚姻会有助于提高主观幸福感水平,婚姻质量甚至会影响到个体的身体健康和生存年限。从系统或者关系的角度看,夫妻二元关系相比较其他二元关系,如亲子关系、同胞关系等,存在的时间更为长久、亲密程度更高,是亲密关系(intimate relationship)的最重要形式。而亲密关系中所包含的了解、关心、信赖、承诺等要素是积极的心理体验内容,影响着个体的生活质量。

在现代社会中,夫妻关系无疑已经取代了传统的亲子关系成为家庭中最重要的关系轴,某种程度上,夫妻关系的良好是其他关系和谐的前提和保证。在核心家庭中,孩子离家后的一段时期,家庭处于空巢阶段,从家庭生命周期的理论来看,是处于转折点。此时夫妻双方面临工作、家庭生活的诸多应激,家庭成员之间良好的情感连接有助于夫妻携手面对困难的局面,共渡难关;反之亦然,和谐、友好的情感交流有利于夫妻解决二人之间的关系问题,提高婚姻质量和个体的生活满意度。而对于中年空巢家庭来说,子女外出求学、工作后,父母的工作重心没有变化,而在生活上可以把人生重心从儿女身上转移到自己身上,重新回到久违的二人世界,更多地关注健康,注重生活品质。"空巢"期恰好是夫妻二人重拾婚姻生活,调理两人关系的好时机。"空巢"期是他们增进婚姻情感的黄金阶段。夫妻俩可以在这段时间尽情地培养自己的兴趣和爱好,享受生活;关系不和谐的夫妻,也可利用这段闲暇时间去冷静地处理,共同找到解决办法。

子女应该保持与父母的联系,经常回家看望,与父母闲话家常。即使不能回家,也要经常打电话问候,加强彼此之间的交流和沟通,这样就能够缓解父母在适应新的生活时的落差感。

第五章

老年期抑郁情绪

LAONIANQI YIYU QINGXU

第一节
认知功能下降引起的抑郁情绪

廉颇老矣

岁末年关,每年的这段时间便是刘爷爷最忙碌的时候,退休后的他主动参与了居委会的工作。过去的几年,每年年关将近的时候他便忙活起来,事无巨细地安排着退休人员春节庆祝和慰问工作,有条不紊地组织着那些比他年长的老同志的学习参观、文体娱乐等活动,乐乐呵呵东奔西走的样子,任谁都看不出竟已年近古稀。

奇怪的是,今年却不见刘爷爷英姿飒爽地挨家挨户问候的身影,甚至已经好久都不见他出门了。询问之下,原来刘爷爷一月前无意间出现了"工作失误",故而"引咎辞职"了。

事情要从上次发放慰问礼品说起,王阿婆是糖尿病患者,一直是严格的糖尿病饮食,发放干粮时刘爷爷仔细核对了名单,转身却给错了人。幸好复核统计时发现数量有出入,这才没酿成大祸。刘爷爷自责不已,要知道刘爷爷从前可是出了名的过目不忘。

无独有偶,不久后居委准备给一对抗战老夫妻举行金婚纪念典礼,于是,策划指挥的重要任务就自然而然地落在了德高望重的刘爷爷这里。然而,刘爷爷当天彻底忘记了这件事,典礼当日的活动也是漏洞百出。

此后,刘爷爷便低沉了许多,居委工作也渐渐脱手,很少出门,家里人反映近期刘爷爷做菜经常缺油少盐的,人也远没有以前灵活,整日闭门不出,对自己的"失误"耿耿于怀,觉得自己不能再创造价值了,直言已经成了家里的负担。精明干练、戎马半生的刘爷爷怎么了?

家人不放心,带其至精神心理科就诊,经过一系列检查诊断为"轻度认知功能障碍"和抑郁症。

何为轻度认知功能障碍(MCI)

老年人中常常见到达不到痴呆诊断标准的认知损害。最早由 Kral 于 1962 年提出良性老年健忘症,主要症状有近期事件遗忘和情节回忆不清楚,当事人对自己的记忆问题一般有自知力,常常伴有抑郁情绪。这一概念因缺乏神经心理评价标准,现已较少应用。

1986 年,美国国立精神卫生研究所提出了与年龄相关的记忆损害（age-associated memory impairment, AAMI）概念，主要指主诉为记忆力减退的老年人，经记忆测试证实，且与年轻成人的均数相比至少有1个标准差的下降。

随后的研究表明，由于这一标准完全依赖于记忆检查（如韦氏记忆量表等），记忆评测以年轻成人为标准，以致90%以上的正常老年人被诊断为AAMI，导致了扩大化诊断，因此实用价值较小。

随后，在国际老年心理协会和WHO的合作下，提出了年龄相关的认知下降（AACD）的概念。AACD包括更为广泛的认知功能（注意力、记忆、学习、思维、语言和视空间），并以老年人为常模作诊断。DSM-IV中亦有相似的概念——年龄相关的认知下降（ARCD），ARCD目前的定义是有回忆性命名困难以及解决问题困难。《疾病和有关健康问题的国际统计分类第十次修订本》（ICD-10）给出了轻度认知障碍（MCD）的标准，指记忆、学习和注意力障碍，其常伴随智能衰退，必需神经心理检查证实，由脑疾病或损伤以及可引起功能障碍的系统疾病所致。MCD是继发于身体疾病或损伤，不包括痴呆、健忘综合征、脑震荡或脑炎后综合征。1999年，Petersen建立了MCI的标准，弥补了这些不足。MCI是目前广为接受的概念，特指有轻度记忆或认知损害但没有痴呆的老年人，其病因不能由已经认识到的神经或精神疾病解释。

2010年，《中国痴呆与认知障碍诊疗指南》中关于MCI的诊断标准：（1）认知功能下降，主诉或知情者报告的认知损害，而且客观检查有认知损害的证据；和（或）客观检查证实认知功能较以往减退。（2）日常基本能力正常，复杂的工具性日常能力可以有轻微损害。（3）无痴呆。

遗忘型MCI的诊断标准：（1）主诉主要为记忆障碍；（2）有记忆减退的客观证据；（3）一般认知功能正常；（4）日常生活能力保留；（5）没有足够的认知障碍诊断为痴呆。

MCI与抑郁、焦虑症状的关系如何

研究发现，35%—85%的MCI患者除认知功能损害外，还伴有神经精神症状（neuropsychiatricsymptoms，NPS），包括抑郁、淡漠、焦虑、易激惹等，而最普遍的心理症状是抑郁，其发生率为9%—63.3%不等，抑郁情绪不仅会带给患者和家属沉重的负担和压力，更被认为是最难控制的症状。各种相关症状发生率高于健康老年人群。多项研究均证实神经精神症状可促使MCI向痴呆转化，且与神经精神症状数目和程度呈正相关，即便轻度神经精神症状也增加其风险和恶化速度。因此，认识、了解MCI与神经精神症状的关系，对延缓MCI向痴呆转化，改善MCI患者的生活质量和社会功能具有重要意义。

1. MCI与抑郁症状

抑郁症状是MCI的危险因素之一，MCI有五大危险因素：（1）社会人口学因素：高龄是危险因素，高教育水平是保护性因素，此外性别、婚姻状况、经济情况、亲子关系、社交质量均与MCI的发生发展密切相关。（2）躯体疾病因素：高血压、糖尿病、脑卒中、脑外伤等是危险因素。（3）遗传因素：载脂蛋白E（ApoE）基因多态性与认知障碍密切相关，其中ApoE4最密切相关。（4）心理学因素：抑郁、焦虑等为危险因素，且与其严重程度相关。（5）行为和生活方式因素：体育锻炼可延缓认知下降，地中海饮食方式可减少MCI进展为痴呆；吸烟能导致认知功能减退，是危险因素。抑郁影响认知功能的机制尚未明确，目前有3种较为常见的观点：（1）转化生长因子（TGF-beta1）是抗感染细胞因子，在淀粉样蛋白诱导的神经退行性病变中保护神经，在记忆形成和突触可塑性中起着关键作用，重度抑郁症状患者的TGF-beta1血浆水平降低。（2）脑源性神经营养因子（BDNF）对神经元生长、分化、突触连接激活、细胞间交流十分关键，也与神经可塑性有关。BDNF降低与海马功能减退、记忆障碍和抑郁症高风险有关，BDNF降低与抑郁及认知障碍的发生有关。（3）皮层下和海马神经元丢失和认知损伤相关，且海马体积越小抑郁症状越严重；有抑郁症状的MCI患者的颅脑MRI也支持这一观点。因此，海马萎缩可能是抑郁症状促使MCI进展到痴呆的汇聚点。

2. MCI 与焦虑症状

老年人认知功能障碍相关神经精神症状中,抑郁症状研究多,焦虑症状研究较少。研究证明焦虑增加 MCI 患者发生痴呆的风险;MCI 患者的焦虑管理可降低痴呆风险。

MCI 如何防治

1. 运动锻炼:运动锻炼被证实是有效的改善认知状态的方法。研究发现,对轻度认知障碍患者进行六个月的运动训练,可能会改善患者的认知状况。

2. 认知训练:日本研究者认为增加 MCI 患者的脑力劳动,能有效地降低患痴呆的危险性。目前认知训练的效果研究报道并不一致,可能与训练的时间、强度等有关系。但是,学者们倾向于认为,认知干预可选择性地提高轻度认知障碍患者某一领域的认知水平。因此社会层面应当关注中老年人的再教育,提高老年人的学习和受教育程度。

3. 注重心理健康:家庭应该加强对老年人的关爱及照看,注意老人抑郁、焦虑等不良情绪的早期识别与干预;社区构建良好的老年人活动中心,丰富老年人日常生活,促进老年人良好的人际交往。

4. 积极控制躯体疾病:积极识别和控制各种危险因素,特别是可控制的血管性危险因素,如高血压、糖尿病等,预防脑部外伤以及脑卒中。

5. 药物干预：现今已被验证并广泛使用的药物是乙酰胆碱酯酶抑制剂，可能有效的药物包括抗谷氨酸能药、益智药、抗氧化剂和非类固醇抗炎药，值得注意的是，有时候过早应用抗胆碱药反而会引起认知障碍，此外，营养素的添加可能也有利于认知功能的改善，如B族维生素、维生素E、叶酸等。中医治疗对延缓MCI发展也具有一定的临床意义。

若被诊断为轻度认知障碍了，应该怎么办

1. 停止服用可能导致轻度认知障碍的药物：轻度认知障碍患者需要在医生的指导下，停用可能导致轻度认知障碍的药物。临床医生通过对您认知状态的评估，选用药物或非药物疗法进行治疗。

2. 锻炼身体，规律运动：研究发现，每周两次的运动训练，可能会改善患者的认知状况。多运动，勤锻炼，不仅可以保持健康的身体状态，也可以减少患病的风险。

3. 定期评估认知功能：虽然轻度认知障碍发展为痴呆的风险增高，但是部分轻度认知障碍是一直维持在这个阶段甚至可以逆转，因此，一次性诊断并不代表您一定会发展为痴呆。需要每年到记忆障碍门诊评估，了解认知功能变化的情况，及早发现阿尔茨海默病的征象。

4.制订长期计划：由于轻度认知障碍预后的不确定性，建议您和您的家属共同制定长期的计划，例如：预立医疗照护计划、驾驶安全、财务安全、遗产规划等。

第二节
慢性躯体疾病引发的抑郁情绪

我究竟病没病

一、做了三次造影的刘老伯

刘老伯，78岁，两年前因为心肌梗死装了支架。刚刚装好支架的那几个月，刘老伯如同获得了新生，能买菜，能上下楼，还能逛逛公园遛遛狗。然而好景不长，不到半年时间，胸闷、心悸感又频繁出现。刘老伯心里很苦恼，支架也装了，也遵医嘱按时按量服药，怎么心脏病就又犯了呢？于是整天长吁短叹，不敢出门，不敢干体力活，睡不好，也吃不下。

难道是自己的支架里又发生了堵塞？于是，他哭求医生再做一次造影检查，然而在不同医院做了两次均未发现有再堵塞的情况。刘老伯更加郁闷，总感觉自己将不久于人世，连医生都查不出他的毛病，心内科医生建议他看精神心理科。老先生听了医生的建议一肚子火气，觉得一把年纪了还被人当成"神经病"。

第五章：老年期抑郁情绪

直到最近，在报纸上看到了心内科名医胡大一教授关于"双心医学"的科普，才意识到自己心脏出现问题的同时也出现了心理问题。就这样，刘老伯带着报纸走进了心理科门诊。

二、没了口福的路阿姨

路阿姨，69岁，原本退休后的日子过得丰富多彩，是"舌尖上的中国"的忠实粉丝，立志与老伴吃遍中国。然而最近路阿姨不但没了吃的欲望，还想早点死了算了。这是怎么回事？原来最近路阿姨的血糖频繁地"high"了起来，胰岛素量越加越多。

医生、家人都劝她积极控制饮食，而路阿姨却觉得委屈，自己虽然"好吃"，但并非无节制，即便再美味稀有的佳肴也仅是尝尝而已。想想以后可能还会出现眼瞎、烂脚等并发症，就觉得人生无望。感觉所有人都在责怪自己，是自己贪吃惹的祸。也不想出门见人，对什么也提不起兴趣，还整天疲乏无力，睡也睡不好。一个人的时候甚至想：打完胰岛素不吃饭，低血糖死了算了。老伴儿换着花样儿给她做低糖饮食，也不能让她开心起来。血糖忽高忽低，血压也不稳定起来，家人万分担心。在内分泌科医生的建议下，路阿姨由老伴儿陪同来到了心理科门诊。

慢性躯体疾病与抑郁

随着生理机能的衰退，老年人往往存在各种各样慢性躯体

// 177

疾病，特别是心脑血管病、糖尿病，甚至肿瘤。慢性疾病是人类健康的重大威胁，对人们的生活质量乃至寿命有着重要影响。当患有慢性躯体疾病时，人们往往会感到担忧，或因受到疾病折磨而产生不同程度的抑郁或焦虑情绪。这些负性情绪又往往会影响医生对患者躯体疾病的判断，继而使诊断和治疗变得更为复杂和困难，甚至可能使躯体疾病迁延不愈，增加患者及家属的疾病负担，造成医疗资源的浪费。近年来，在躯体疾病患者中，伴发抑郁、焦虑障碍的比例呈现大幅增加。

心血管疾病合并焦虑、抑郁等心理障碍在临床上十分常见。有研究发现：17%-27%的心内科患者伴有抑郁发作，61%的冠状动脉造影提示病变不明显者可诊断出焦虑症，58%非典型心绞痛的中年患者、43%的胸痛患者、9%接受心脏检查的患者可诊断出惊恐障碍。抑郁本身也是导致心血管疾病的重要危险因素，但以往在临床上，不仅是患者及家属，更有不少内科医生也只认"心脏病"，不认"抑郁"，导致患者迁延不愈，反复就医，生活质量受到严重影响，进而甚至导致不良的医患关系。近年来，我国胡大一教授提出的"双心医学"理论逐渐深入人心。医患双方对心脏病患者的心理问题越来越重视。就如前文提到的刘老伯，在接受心内科治疗的同时接受规律的抗抑郁治疗，不仅心情好了，心脏也舒服了，生活质量大有改善，家人也不用整天提心吊胆。

卒中后抑郁发病率也很高，多数研究显示抑郁发病率为

25%–40%，其中重性抑郁和其他类型抑郁各约占50%。卒中导致的肢体活动不便，限制了患者的活动范围，生活质量大大降低，有些患者甚至生活无法自理，需要他人照料。这可能会使患者出现悲观、绝望的情绪，认为自己是累赘，拖累家人。同时卒中患者普遍存在睡眠差、疲乏等躯体症状，这些都是抑郁症诊断中的重要内容。

此外，抑郁症与糖尿病的关系同样密切。有研究发现：31%的糖尿病患者出现临床相关的抑郁症状群，其中11%的患者被确诊为抑郁症。2010年，世界精神病学会（WPA）出版的《抑郁与糖尿病》也对二者间的关系进行了充分阐述。当抑郁症与糖尿病并发时，与两者独立存在相比，患者预后更差。首先，糖尿病是一种长期慢性疾病，目前尚无彻底治愈方法，患者必须时刻注意饮食管理，经常监测血糖，长期服药，有些患者需要长期注射胰岛素，这些都极大地降低了患者的生活质量。有的患者认为，使用胰岛素预示着病情严重，因此心理压力更大，悲观情绪更重。其次，如果血糖控制不佳，患者在5-10年内可能出现并发症，时刻威胁着患者，必然使人产生恐惧、悲观和焦虑情绪。再次，长期治疗产生大量的医疗费用，给患者及家庭带来沉重的经济负担，会使心理压力剧增。糖尿病患者发生抑郁时，皮质醇分泌亢进，大量的皮质醇会降低葡萄糖的利用，并拮抗胰岛素，使血糖升高，发生恶性循环。

前文提到的路阿姨，血糖控制不好，情绪越来越糟，血糖也越难控制,陷入恶性循环。因为路阿姨不仅有糖尿病,还有高血压,抗抑郁药物的选择受到限制,故而接受一种物理治疗方法——重复经颅磁刺激。随着抑郁情绪的好转,路阿姨饮食、睡眠逐渐规律,血糖、血压也相对平稳下来。

癌症在某种意义上作为一种非典型慢性病也与抑郁症"纠缠不清"。2010年,WPA出版的《抑郁与癌症》显示,3%-38%的癌症患者可诊断为抑郁症,1.5%-52%的患者可归为抑郁谱系症状。癌症的发生发展与社会心理因素密切相关,是一种心身疾病。在癌症的诊断与治疗过程中,患者往往要经受一系列复杂的心理变化过程,其中抑郁状态是最常见的病症之一。

抑郁症之所以青睐癌症患者,究其原因主要与下列因素相关:癌症的慢性疼痛,可诱发或加重患者的精神痛苦,导致负性情绪;癌症的治疗手段不管是手术治疗,还是放、化疗等都是特殊的刺激,会产生应激反应;加之放、化疗严重的副反应,可使患者时时感受到癌症的存在,从而整天提心吊胆,尤其是癌症复发的患者更会忧心忡忡;放、化疗患者大多已经知道自己到了癌症晚期,加上治疗的副反应以及疲乏感,使心理负担持续存在;沉重的经济负担,尤其是病程较长、治疗手段复杂、治疗费用昂贵等问题会加重癌症患者的心理负担,导致负性情绪乃至心理障碍;社会与家庭的不理解、歧视及患者自身的心理承受能力差,都是引起癌症患者出现抑郁症状的因素。

抑郁症不仅影响患者的生活质量,而且对癌症的发生、发展、转归有着不可忽视的影响。抑郁不仅会严重影响患者的食欲和睡眠，导致机体免疫功能降低，加重已有的疼痛，还将使患者陷入持久的痛苦之中，不愿意配合疾病的治疗，缺乏战胜疾病的信心或对疾病预后产生悲观想法。从病理角度看，抑郁情绪将导致机体神经、内分泌机能发生紊乱，从而破坏体内环境的平衡，使被抑制的癌细胞再度处于活跃状态。抑郁症患者血液中的T淋巴细胞数量明显减少，免疫功能下降。而长期研究显示，抑郁可使肿瘤患者的生存率降低20%。即便如此，在癌症的治疗中，情绪问题仍往往被忽略，这些被忽略的情绪问题可能进一步加重癌症不良预后，严重者，有些患者会放弃治疗，甚至自杀。

如何应对慢性躯体疾病中的"抑郁"

慢性躯体疾病的患者产生抑郁情绪时该怎么办呢？首先肯定是积极治疗原发疾病，此外，及时前往心理科、精神科进行心理问题排查也是正确的选择。与普通抑郁症患者类似，也可以根据抑郁程度及患者个体情况，选择抗抑郁药物治疗、心理治疗或者物理治疗（重复经颅磁刺激、改良无抽搐电休克治疗）。

由于患者存在慢性躯体疾病，在使用抗抑郁药物治疗的同时要注意以下几点：

1. 某些药物会延长 QT 间期[①],需要注意经常查看心电图。

2. 老年患者服用抗抑郁药要注意低钠血症的可能,需要注意随访电解质。

3. 某些药物会影响血压或者血糖,需医患双方共同重视。

慢性躯体疾病伴发抑郁的治疗,需要多学科协作,患者、家属共同参与。因为患者病情的影响,药物选择可能受限;物理治疗也会因治疗场地的限制导致应用不便。因此,心理治疗便显得尤为重要。而心理干预手段,应视抑郁的不同层次、不同治疗目的、不同治疗方法而决定,支持疗法、环境控制、松弛训练、生物反馈、认知行为治疗、行为矫正疗法、音乐疗法和家庭疗法等心理治疗方法均可选择使用。

如今,"生物－心理－社会医学模式"被越来越多的人认识和接受,在慢性躯体疾病的发生、发展过程中,心理因素发挥着重要作用。我们在治疗躯体疾病的过程中,千万不要忘了照顾好"情绪"。

注:

① QT 间期与心率快慢有密切关系,正常人心率加速则 QT 间期缩短,反之则延长。QT 改变在临床心电图诊断上具有重要价值,特别是 QT 延长对预报恶性心室律失常和心脏性猝死有重要意义。

第三节
"老漂族"的情绪状况

不知哪儿来的病

近日,65岁的黄阿婆因胸闷、心慌来到医院就诊,住进了某院的心血管内科病房。医生给她做了各种检查,没发现身体有什么明显病变。家人说,阿婆向来身体健康,没有基础病,但最近几个月经常唉声叹气,带她出门也不想去。

阿婆到底得了什么病?多学科会诊,请来精神医学科专家为阿婆做心理测评,结果发现她已经有中度抑郁、中度焦虑。该院精神医学科医生在询问中了解到,阿婆不是本地人,8个月前,儿媳妇生了二胎,她到大城市来帮忙带孙子。休了半年产假后,儿媳妇上班了,阿婆也更忙了。虽然她身体一向不错,但自从晚上要陪宝宝睡觉后她便睡不好,逐渐出现胸闷、心慌,总担心宝宝哪里有闪失。有时因带孙子被媳妇埋怨几句,她便整晚睡不着,怕影响儿子跟儿媳的感情,她只得将心中的困惑憋在心里。慢慢地，她除了觉得很累，更感到不开心，做什么事都打不起精神。说到伤心处，阿婆竟然像个孩子一样哭了起来。

其实，像阿婆这样的情况并非个例，不少为了照顾孙子背井离乡来到子女扎根的大城市生活的"老漂族"，心理问题容易被忽视。不少老年人随着子女漂泊到大城市，脱离了原来熟悉的生活环境，努力适应着新的生活环境，从气候、饮食到听不懂的语言，面对着一个个新的挑战，身边却没有可倾诉的亲友。子女上班后，不少"老漂族"独自在家，孤独地守着宝宝。宝宝没什么闪失、不生病还好，宝宝一生病，老人会自责，如果子女不理解还加以责备，老人委屈无处可倾诉，抑郁、焦虑、失眠就会纷至沓来。

被忽视的"老漂族"

放不下儿女，回不了老家。"老漂族"是指那些为了照顾子女及其第三代离开故土到子女所在陌生城市生活的老年人。随着中国城市化水平的不断提高，"老漂族"群体也不断壮大。作为特殊的迁徙群体，年迈的身体和对新环境的不适应使其在身体与心理上承受着双重压力，其心理健康问题值得关注。从生活多年的故土来到异乡，面临着语言不通，生活方式、生活节奏的改变以及公共服务与社会保障等多方面的问题，难免会容易产生孤独、茫然、失落、无助等消极情绪。但是现今国内对于"老漂族"的研究多数停留于社会层面，很少有研究立足心理层面对该群体进行深入探究。

老年人因身体机能退化及各种丧失性事件（丧失伴侣、丧失子女的关心、丧失经济能力），成为抑郁的高发人群。研究表明老年人抑郁的发病率是1%—5%。年轻人抑郁、心情不好，会想哭、情绪低落，而老年人经历过不少事，有一定的心理承受能力，抑郁多以身体不舒服作为"预警"。老年人的抑郁、焦虑与年轻人的不同，往往没有明显的情绪低落、兴趣下降、乐趣丧失，而多是通过躯体疼痛表现出来。抑郁、焦虑的老年人，躯体疼痛的表现形式复杂多变，可累及多个身体系统：在神经系统可表现为头痛、头晕；呼吸系统可表现为呼吸不畅；心血管系统可表现为胸闷、心慌，严重者会有濒死感；消化系统可表现为胃痛、胃胀、腹泻、便秘；泌尿系统表现为尿频尿急。这些症状会有波动，往往在各项检查中很难查出问题。像黄阿婆一样，老人家总说不舒服，但一检查又没什么器质性病变，而心理的问题却往往被忽视。同时老年人抑郁焦虑会增加心脑血管病的发病风险。

目前，国内对于"老漂族"的研究主要针对的是社会层面如"老漂族"形成的原因、社会融入和城市适应问题等。

有国内学者对于"老漂族"形成流动的原因进行了一系列探讨，并且运用赫伯尔的"推—拉"理论针对"老漂族"的流动原因进行分析，认为"老漂族"的流动主要受到的推拉力影响来自家庭。与普通流动劳动力不同，"老漂族"从故土"漂"入城市的首要目的并不是赚钱，他们一部分是为了给子女减轻负担、帮助其打理家务被迫来到城市；另一部分则是为了排解"空巢"的寂寞、与子女共享天伦之乐而主动来到城市。

"老漂族"在社会适应上存在的诸多问题也是学者们颇为关心的。有学者指出由于"老漂族"长期生活在故土，已经习惯了原有的生活方式和生活节奏，迁入城市之后，他们在文化适应、社会适应、心理适应等适应方面存在一定的问题。（1）在生活方式方面："老漂族"的交通方式、娱乐方式由单一、简单向多样、新颖改变，带来了诸多的不适应。（2）"老漂族"离开生活大半辈子的环境，逐步远离固有的社交圈，与熟悉的亲朋好友来往越来越少，在急需重建新的社交圈的同时，语言不通又给他们在新环境中的交流、沟通都带来极大的不便。（3）"老漂族"已步入晚年，却仍在异乡漂泊，年迈的身体与新环境的不适应给他们的心理健康带来双重压力。因此，他们逐渐感到被社会孤立，从而产生极度的孤独感和失落感。

被忽略的"老年孤独感"

孤独感常被认为是一种状态或是体验，并且普遍存在。孤独感是个体的认知交流、社会交往出现迟缓发展的一种表现，是一种心理体验。老年人、女性和社交孤立的群体更容易体验到孤独感。另外,有学者表示我国逐步进入老年社会,中国老年人的孤独感水平逐渐上升。大量研究表明孤独感严重影响老年人的身心健康:

1. 老年人孤独感与抑郁水平高度相关。

2. 老年人孤独感与自尊、一般自我效能感、家庭功能呈显著负相关。

3. 孤独感对老年人的认知功能、心血管疾病、内分泌、睡眠、基因以及死亡均存在显著影响。

4. 孤独感是老年人产生自杀意念的危险因素之一。

孤独感水平较高的中国老年人死亡危险显著增高,并且孤独感也是老年人生存质量以及发病率与死亡率的危险因素之一。显而易见,孤独感显著影响了老年人社交、健康和日常生活能力。

所以,对于"老漂族"群体而言,他们离开故土来到一个陌生的城市中,面临着社会关系重建的难题和困境,面对新的环境他们更加需要社会支持给予他们适应环境的力量,因此对于"老漂族"群体的社会支持研究十分必要。

"老漂族"的社会支持系统

社会支持作为个体重要的心理资源,影响着个体的身心健康。国外学者早在20世纪70年代就率先对社会支持进行了探讨。对于"老漂族"群体的社会支持系统现状进行探究,发现"老漂族"群体在各方面的支持(包括经济支持、生活照顾支持、精神与情感支持)方面存在不足。研究发现社会支持与孤独感呈负相关,是影响孤独感的重要影响因素,而且老年人的客观社会支持以及主观社会支持都能显著预测其孤独感。简而言之,老年人得到的社会支持越高,产生的孤独感会大大降低。另外,心理弹性与孤独感呈负相关,心理弹性①水平越高,孤独感越低。同时,孤独感与认知功能呈负相关,孤独感会影响老年人的认知功能,孤独感高的老年人认知衰退更显著。当然,社会支持水平越高的老年人,认知障碍发生率越低。因此,在回顾以往研究的基础上,我们发现:"老漂族"的社会支持可以大大影响孤独感,心理弹性和认知功能,是老年人生活的重要因素。

对于"黄阿婆"们,我们应该如何对待

对于像黄阿婆一样的"老漂族",以上研究提示我们:

第一,领悟社会支持是"老漂族"的重要心理资源,必须注重提高"老漂族"的社会支持方面。从"老漂族"自身而言,应该多与家人、朋友沟通,将自身面临的问题提出,及时寻求帮助,增强领悟社会支持水平。从家庭、社区层面而言,

应该给予"老漂族"更多的社会支持。子女、亲友应该对"老漂族"多予以关注，给予他们理解和关爱；社区工作者应该多组织一些家访或社区活动，促进"老漂族"在新的城市重建社会关系网络。除此之外，"老漂族"群体作为"城市力量"的强大后盾，政府可以制订一些政策方针，帮助其建立良好的社会支持体系，这也有助于社会的发展。

第二，心理弹性也是"老漂族"应对压力和困境的重要保护资源。因此促进"老漂族"培养良好的心理弹性，帮助其建立更高水平的心理建设，有助于降低不良因素给"老漂族"带来的冲击，提升"老漂族"心理健康水平。

第三，提高认知功能水平，有助于提高老年人生活满意度和心理健康水平。对于认知功能水平较低的"老漂族"，可以通过一定的合适认知训练，帮助其提高认知水平，从而降低其孤独感，达到提高"老漂族"生活质量的最终目标。

总之，作为城市建设者，年轻人在享受"老漂族"群体照顾家庭、消除后顾之忧所带来的安全感、满足感等诸多积极影响的同时，也应该对父母离开故土来到异乡的诸多身心问题感同身受，应该了解时空断裂导致父辈的社会支持系统不再如以前一样坚固所带来的不适应。在此基础上，应该关爱父母。这种关爱不能用自己认为合适的方式来体现，更应该用他们希望的方式去关爱，从多方面提高他们领悟到的社会支持水平，进而提升他们的心理健康水平。

如何提升老漂族的心理健康水平？从心理辅导的角度看，由于子女忙碌，陪伴时间少是暂时无法改变的现状，心理工作者可考虑加大社区的黏合度，尝试采用体验式团体沙盘游戏以提升老漂族的心理健康水平。

更重要的是，子女应抽时间多与老人沟通，"心结"要及时开解。已在城市扎根的中青年有自己的朋友、同事，遇到不顺心有诉说的去处、缓冲的平台。但"老漂族"就不一样了。有研究阐述，部分"老漂族"到了陌生的城市，会出现"文化休克"。即因隔离了熟悉的文化生活环境，产生焦虑、抑郁。

带孩子的事老人只是帮忙，主要还是子女自己的责任，作为子女再忙也要多承担一些责任，并抽出时间跟老人多沟通，听他们讲讲心里话。老人带子孙虽然享天伦之乐，但也很累，哪怕回不了家也要通过电话聊聊天，表达对父母的关心，多给他们一些理解和安慰。如果家里老人因带娃出现情绪问题，子女要多谅解。建议周末给老人放放假，有空带老人多出去走走，并适当给父母一些带娃的费用，让老人无后顾之忧。如发现老人莫名躯体疼痛，要及时带他们看心理门诊，在专业医生的指导下抗抑郁、助眠，一般通过一段时间的干预可明显好转。"老漂族"群体积极的心态、对美好生活的向往又会影响子女及其下一代，以此形成良性循环，共同助力幸福城市的建设与发展。

注：

①心理弹性：被看作是个体面对压力或逆境时呈现出的良好复原力或积极适应环境的结果，它被看作个体在面对危险性因素时起保护作用的心理资源。

第四节
丧偶老人的悲伤

《春别》

溪桥细柳漫小津

桃花十里唤流莺

江帆复往如织锦

一垄烟雨送长亭

《秋别》

横笛声飞秋入乡

熟稻落叶共日黄

风舞残花欲留客

不送扬鞭向残阳

在这两首离别诗的背后有着一个凄美的故事。有这样一对老夫妻,含辛茹苦地把子女培养长大,离开了家乡,到繁华的大城市定居。原本老两口在宁静的乡野种种菜、养养鸡,日子悠闲而自有乐趣。直到有一天,活泼开朗、阳光外向的妻子因病亡故,留下原本就话不太多的丈夫独自一人面对空荡荡的房间。

为解相思之苦,老人将家里每个房间都摆上一张妻子的照片,因为"陪伴的幸福感"一秒都不能缺失。他还拿起纸笔,记录只有自己才看的回忆录,当写到为了给子女交学费,夫妻二人去批发西红柿售卖,骑着自行车冒着大雨艰难前行,当两人的自行车滑倒,西红柿在泥地中翻滚,妻子趴在地上一一将它们捡起的经历时,他跑到妻子的坟前像个孩子那样放声大哭。

哭岁月把身体的苦换成了心灵的苦,哭体贴和慰藉被永久地夺去,哭孤独和失落才刚刚开始,哭一种一辈子只需体验一次,但足够伤到肝肠寸断的痛,一种名叫"丧偶"的身心摧残。

之后,只有子女偶尔的回家探望,才能让老人暂时停下纸笔回忆,每一次子女都是悄悄地到,又匆匆地别。离别后,依旧是一日日的心灵煎熬,依旧是一日日的痛苦回忆,依旧是长河星辰天外月,都向窗边发如雪。

丧偶的悲伤究竟有多痛

悲伤是指一个人遭遇失落或被夺去心爱的人或物时所产生的一种悲哀、愤怒和罪恶感的感觉。

在心理学中，因为丧偶导致个体的美好与依靠被剥夺，产生的失落感是最为严重的，一般而言，绝大多数个体会出现显著的、持久的思维和行为改变。人的一生中经历各种各样的悲伤，在经历漫长的悲伤阶段的时候，可谓是人生中的至暗时刻，丧偶老人的心理变化通常比较激烈。

精神病学家伊丽莎白库伯勒罗斯（Elisabeth Kubler-Ross）曾描述了悲伤的五个阶段：否认（Denial）、愤怒（Anger）、讨价还价（Bargaining）、消沉（Depression）和接受（Acceptance）。

1. 否认。"这不会发生在我身上"，在熟悉的地方寻找自己的前任，或者如果面对死亡，依然留着那个人的位子，或者假装他们还住在那。没有哭泣，没有接受甚至意识到失去。

2. 愤怒。"为什么是我"？感觉到想去反击，如果是死亡，会对死者感到愤怒，指责他们的离去。

3. 讨价还价。特点是向外界或自己提出一系列交换条件。经常发生在失去之前，想要与要离开的那一方做交易，或者想要去与神讨价还价，去改变失落的内容。乞讨、许愿、祈祷他们回来。

4. 消沉。强烈的无助、沮丧、痛苦、自我怜悯，对人的哀悼，压倒了一切希望、梦想和未来的计划。觉得失控、麻木，甚至会有自杀的想法。

5. 接受。意识到那个人的离开并不是他们的错，他们并不是蓄意离开你。寻找失落带给你痛苦的好的地方，寻找安慰和疗愈,转而以自我成长为目标,回忆美好的过去。

精神病学家认为为了恢复和治愈,一个人必须经历这5个阶段,然而每个人经历的阶段也是不同步的,因为每个人都是不同的,你无法强迫一个人去度过某一个阶段,只能按照他们自己的脚步来,有时候甚至会进一步退两步。值得强调的是:只有这五个阶段都被完成时,疗愈才会发生。

如何走出丧偶的悲伤

在医院的门诊和急诊,医生护士们经常会见到丧偶且独居的老人,有的2-3天就会来一次,见见自己熟悉的医生,他们愁眉不展、郁郁寡欢,甚至痛哭流涕地诉说,他们只是想要找个熟人聊一聊,找到宣泄情绪的出口,纾解心中的苦闷。

然而,丧偶的悲伤持续时间尤为漫长。究竟该如何早日走出这种痛苦?这不仅需要时间,更需要智慧地去面对,寻求心理学专业人士的帮助。

首先,要清楚地认识到,生老病死不可避免,试着了解生命的本质,死亡的意义,看淡死亡。的确,要走出来是需要时间抚平伤痛,但同时,也要明白,只有自己活得更好,才能让离开的家人放下牵挂,走得更好。

其次,培养自己的兴趣爱好,重拾兴趣爱好,让爱好淡化痛苦。多参加社区组织的各种活动,在活动中获得快乐。

再次,丧偶老人不能将自己关在家中,家人的陪伴至关重要,作为子女,要多关心落单的至亲,要尽快帮助其走出家门,睹物思人只会加重痛苦。可与家人或有相同经历的老人聊聊天,交流心中的感受,让他们在亲情的温暖中早日走出痛苦,在与朋友的交流分享中抚慰心灵。

最后,不要认为寻求心理医生的帮助是一件难为情的事,及早获得专业人士的帮助,有助于提高生活质量,早日走出困境。

第六章

抑郁发作

—— YIYU FAZUO ——

第一节
抑郁发作

小张怎么像换了一个人啊

小张,男性,30岁,企业高管,平时是一个性格开朗、人际关系好的人,自小学习成绩优异,名牌大学毕业后进入世界500强企业,工作能力强,数年的经验积累后自行创业,公司一直运作顺畅,是父母的骄傲。但近一年家人和同事都觉得小张像换了一个人一样。

原来自2020年初,由于公司资金回笼出现问题,以及新型冠状病毒疫情出现,公司面临倒闭风险,再加上银行贷款的压力,小张总是闷闷不乐,愁眉苦脸,觉得自己能力不行,公司才会出现问题,整夜睡不着觉,有时睡着了,没一会就醒了,吃饭没有胃口,自觉脑子像生锈一样,注意力难以集中,做什么事情都提不起精神,总感到疲乏无力,常常在一个地方一坐就是一天,工作能力明显下降。不管在公司还是在家,常常因琐事与人发生争吵,个人卫生有时都不想打理,小张常常觉得这样的自己活着太累,一点价值都没有,还不如死掉算了,但想到年长的父母,只好作罢。

原来小张是生病了——重度抑郁发作

小张最后实在没有办法,抱着最后的希望,来到医院寻求帮助,通过相应的检查和医师的评估,原来小张并不是被换掉了,而是生病了——"重度抑郁发作"。

在日常工作生活中,经常会有人因为一点不顺心的小事,就说自己抑郁了。那么,抑郁发作到底是什么?是否只要日常生活中自己出现心情不好、什么事情都不想做等症状时,自己就抑郁发作了?其实不是的。

抑郁发作是以情绪低落、兴趣减退、精力下降为主要临床特征的一种精神疾病,伴有与情绪低落相应的认知、行为、心理生理学以及人际关系方面的改变或紊乱。

抑郁发作的病因目前尚不明确,可能是生物、心理、社会因素三者相互作用的结果。

一、生物因素:

1. 遗传因素

1.1 抑郁发作患者的一级亲属中抑郁发作的发生率较正常人的一级亲属高 2-10 倍。

1.2 单卵双生子间抑郁发作同病率约50%，异卵双生子间同病率为10%—25%。

1.3 父母患病在正常寄养家庭中成长的子女抑郁发作的发病率高于正常寄养家庭中的子女。

1.4 与抑郁发作有关的基因有5-羟色胺转运体蛋白基因、色氨酸羟化酶、单胺氧化酶A、多巴胺羟化酶、细胞色素P450酶系多态性等。

2. 生化因素

2.1 五—羟色胺受体功能：有研究表明五羟色胺代谢产物浓度下降、五羟色胺功能活动降低与抑郁发作有关。

2.2 去甲肾上腺素受体功能：有研究表明去甲肾上腺素代谢产物浓度降低与抑郁发作有关。还有人认为脑内去甲肾上腺素受体的敏感性增高与抑郁发作有关。

2.3 多巴胺学说：该学说认为抑郁发作患者可能存在多巴胺受体功能下降，或者中脑边缘系统多巴胺功能失调。

2.4 乙酰胆碱学说：乙酰胆碱能神经元与肾上腺素能神经元之间张力平衡可能与情绪障碍有关，脑内乙酰胆碱能神经元过度活动，可能导致抑郁发作。

2.5 γ-氨基丁酸假说：抑郁发作患者脑脊液和血浆中γ-氨基丁酸含量下降。

3. 神经内分泌因素

3.1 下丘脑-垂体-肾上腺轴功能障碍：有研究发现抑郁

发作人群血浆皮质醇分泌过多，且分泌昼夜节律也有改变，无晚间自发性皮质醇分泌抑制（在许多抑郁患者中，促肾上腺皮质激素释放激素的过度分泌会导致下丘脑－垂体－肾上腺皮质轴的过度活跃，糖皮质激素长期或过度分泌可能导致海马萎缩）。

3.2 下丘脑－垂体－甲状腺轴功能障碍：有研究发现抑郁发作人群血浆甲状腺释放激素显著降低，游离甲状腺素显著增加。

3.3 下丘脑－垂体－生长素轴功能障碍：有研究发现抑郁发作人群生长素系统对可乐定刺激反应明显降低，对胰岛素的反应降低。

4.脑影像因素：抑郁发作患者的磁共振成像显示尾状核体积缩小，额叶萎缩，磁共振光谱提示抑郁发作患者存在额叶、海马、基底节等脑区有生化物质代谢异常，且白质的异常较灰质更为明显。

二、心理因素：关于抑郁发作的心理因素有很多，比如精神分析学派认为抑郁发作是对亲密者所表达的攻击，以及未能摆脱的童年压抑体验；认知学派认为抑郁发作患者存在一些认知上的误区（对生活经历消极的体验、自我评价等）。

三、社会因素：众多临床观察发现，抑郁发作前常常会存在一些应激性生活事件，如配偶死亡、离婚、下岗、失恋、生育等。有研究发现在经历可能危及生命的生活事件后半年内，抑郁发作的发病危险系数增加6倍。

在临床上，抑郁症人群的发作表现不尽相同，各有各的特点，但仍存在有常见的一些临床表现。具体如下：

1. 核心症状

1.1 心境低落：患者常常诉说自己心情不好，高兴不起来。

1.2 兴趣和愉快感丧失：患者对各种以前喜爱的活动都提不起兴趣，无法从中感到快乐。

1.3 精力下降：患者总是无精打采、疲乏无力，常常卧床不起或呆坐一处，做什么事情都力不从心。

2. 心理症状群

2.1 焦虑：常与抑郁发作伴发，表现为胸闷、气促、尿频、出汗等。

2.2 自责自罪：对自己既往的一些小错误无限放大，认为自己给家庭、社会带来巨大负担。

2.3 精神病性症状：主要表现为妄想（歪曲的信念）或幻觉。

2.4 认知症状：注意力和记忆力下降，对各种事情都作出悲观的解释。

2.5 自杀观念和行为：有些抑郁发作患者会感到活着没有意思，有生不如死的感觉，常常会有与死亡有关的想法和行为，最终会有10%-15%的抑郁发作患者死于自杀。

2.6 思维迟缓：表现为总感到自己反应慢，脑子跟生锈一样，做事效率低下。

3. 躯体症状群

3.1 睡眠紊乱：主要表现为早醒、入睡困难等。

3.2 食欲紊乱：主要表现为食欲下降和体重下降。

3.3 性功能减退：性欲减退甚至是完全丧失。

3.4 非特异性躯体症状：包括有头痛或全身疼痛、胃肠道功能紊乱、心慌气短、尿频尿急等。

国际疾病分类第10版（ICD-10）对于抑郁发作的诊断标准为：

1. 核心症状：情绪低落，兴趣和愉快感丧失，精力不济或疲劳感。

2. 伴随症状：集中注意和注意的能力降低，自我评价降低，自罪观念和无价值感，认为前途暗淡，自伤或自杀的观念或行为，睡眠障碍，食欲下降。

3. 核心症状至少存在两条，伴随症状至少存在两条，抑郁症状持续至少两周。排除器质性、精神活性物质或非成瘾物质所致。

对照抑郁发作的临床表现及诊断，小张其实是非常典型的抑郁发作，由于小张和家人对疾病的不了解，当出现这些典型症状时，也意识不到是情绪上出现问题。从小张整个情况来看，他存在这些抑郁症状已超过两周，严重影响自己的工作、生活和学习，根据ICD-10诊断标准，小张的确生病了——重度抑郁发作。

面对抑郁发作，可以做些什么

本案例中的小张是幸运的，在自己出现抑郁情绪的时候，最后能选择到医院就诊，经过药物治疗和心理治疗，小张恢复了心理健康。那么，在日常工作生活中，当发现自己或者周围的家人朋友出现像小张一样的抑郁症状时，我们可以做些什么呢？

首先，不能讳疾忌医，认为自己只是陷入短暂的情绪低谷，靠自我调节可以度过。需像小张一样及时到医院就诊，早诊断，早治疗，早干预。在医生的指导下，进行必要的药物治疗和心理治疗。

1. 药物治疗：在医生的指导下，根据病情，给予抗抑郁治疗，如选择性5—羟色胺再摄取抑制剂（氟西汀、帕罗西汀、舍曲林、西酞普兰、氟伏沙明），药物维持一段时间后，根据病情减量，谨慎停药。

2. 心理治疗：

2.1 认知行为治疗：通过治疗，让自己认识并纠正自身错误的信念，如本案例中小张的公司资金回笼有问题，这是每个公司都会碰到的，并不是自己的能力有问题，且新型冠状病毒疫情的出现，是客观存在的，与自身能力无关，全世界的公司都面临相同的问题。

2.2 支持性心理治疗：通过与治疗师进行沟通交流，宣泄自己的不良情绪，减轻不良情绪对自己的影响强度，同时正确认识和对待自己的疾病，主动配合治疗。

2.3 家庭治疗：让父母一起参加治疗，获得家庭的支持与帮助，减轻自己的压力，缓解自己的抑郁情绪。

其次，可以适当进行一些体育锻炼，如太极拳、瑜伽、武术、游泳、慢跑等。有研究表明，适当运动有利于缓解抑郁情绪。

再次，可听一些轻松舒缓的音乐放松心情。

最后，可以阅读心理治疗的自助资料。有研究表明阅读心理治疗的自助资料可以有效减少中度抑郁发作人群的心理痛苦程度。

第二节
复发性抑郁

是不是只有我,被世界所弃

不知道从什么时候开始

我的生活里没有了阳光

每一天于我来说都是煎熬

脑子里总是有不好的想法

一遍一遍地质问我

生活到底有何意义

而我,显然不知

我对一切都失去了兴趣

我的身体像被一团黑洞吞噬了

活着的每一天

对我来说都是煎熬

快乐好像被凶狠的"黑狗"俘虏了

我竭尽全力却只能看着它远离

我的生命被摁下了"暂停"

我不想出门

不想吃饭

甚至连房间都不愿意踏出一步

纵使我依然会敲一连串的表情

笑靥如花

但我心如死水

任何事情都激不起一丝涟漪

社交、工作

让我身心俱疲

我不想给别人添麻烦

更害怕别人嘲笑

我对身边的人感到愧疚

不想他们卷入到我的

痛苦之中

不想他们为我担心

我觉得自己就是一个负担

只会给别人制造烦恼

我讨厌这样的自己

我无数次问自己

要不要死去

我看不到未来

看不到温暖和希望

我也曾像向日葵一样追逐阳光

也曾在夜晚安然入睡

第二日暖意洋洋

也曾向往山川、湖海、厨房和爱

但人生总是充满意外

不知道哪一天醒来

我的世界就充满了阴霾

循环……往复……

他们说这条以快乐为食的黑狗

叫抑郁

它隐藏在不幸者的心里

一口一口地噬咬着灵魂

每当我以为它已经离开

却复又存在

我不停奔跑却摆脱不了

但，也只有奔跑

我们该怎样区分抑郁症和抑郁情绪

当平时我们说抑郁情绪的时候，可能只是想表达自己的情绪状态不太好，类似于心灵感冒的状态，更接近于一个轻度的抑郁情绪。当抑郁情绪严重的时候，就达到了抑郁状态。抑郁状态的定义可以等同于抑郁发作，以情绪低落、兴趣减退还有愉快感缺乏为表现，并持续两周以上，还会对工作和生活造成影响。但抑郁症是一个病，需要经过专业的人员和程序，才能诊断。

抑郁症的易感因素有哪些

抑郁症不是某一个因素单独导致，而是由多种因素相互作用导致。从病因学的角度出发，常见的有两种不同归类方式：

一、易感、诱发、附加因素

1. 易感因素：

易感因素决定在同样诱发因素的情况下，是否会更容易发生抑郁。包括：易感基因遗传、是否使用成瘾物质、人格特质、个人成长经历（原生家庭的影响）。

（1）遗传易感性主要通过药物治疗控制，主要原理是改善大脑各个脑区代谢活跃以及神经递质数量和质量。

（2）如有物质依赖或者躯体疾病，则要针对相关的疾病进行针对性的药物甚至手术治疗。

（3）原生家庭影响等因素对每个人一生思维行为方式的影响是深刻而长远的，属于深层次的易感因素。就跟人体的免疫力一样，它是罹患各种疾病的核心因素之一，但不是患病后急性期的治疗目标，需康复后逐步去提升免疫力，故需要长期的调养，例如健身、中医治疗等。所以如果发觉自己目前的困扰跟这一点有关，建议进行长期持续性（以年计算）的心理治疗或者物理治疗。

2. 诱发因素：

是导致复发的相对危险因素，是诊疗层面要明确的，并且采取针对性的治疗方案的因素。例如：细菌性感染要使用抗生素，病毒性就使用抗病毒药物。在心理疾病领域，主要是各类心理应激因素（精神创伤）。

（1）急性应激因素：亲人意外亡故、婚变等。

（2）慢性应激：持久的学习工作或者生活压力、经济极度困难、长期承受暴力威胁等。

这些因素往往会导致大脑脑功能和神经递质的改变，所以药物治疗是打断不良心理应激的重要手段。特别是中重度抑郁，一定是基础药物＋心理＋物理治疗，才能打断之前的恶性循环，恢复到正常的生活轨迹。在药物基础上，主要通过强化的心理治疗和物理治疗进行有效干预控制。

3. 附加因素：

是导致疾病加重或者治疗效果不佳的一些因素，例如社会文化变迁、家庭和社会支持系统缺失等。在国内尤其突出，例如中国现状独生子女缺乏同辈支持、家庭成员认为跟自己无关,社会成员也无法理解他们。这一点的治疗原理主要是改善、建立和健全患者的家庭和社会支持系统。针对家庭成员进行家庭成员的心理治疗,或者跟来访者一起进行家庭治疗。另外就是同类疾患者群的团队治疗,同伴治疗都可以给患者提供社会支持系统。这方面在国外应用是非常普遍和主流的。

二、生物、心理、社会因素

1. 生物因素

(1)遗传;

(2)躯体疾病:心脑血管病等;

(3)物质:成瘾物质(海洛因、吗啡)、酒瘾、医用药品等。

2. 心理因素

(1)人格;

(2)个人成长:躯体虐待、原生家庭;

(3)心理应激(精神创伤)。

a. 急性应激:亲人意外亡故、婚变、恶性肿瘤等;

b. 慢性应激:持久的学习、工作或者生活压力,例如:经济极度困难,长期承受暴力威胁,高强度的流水线作业。

3. 社会文化因素

(1)社会变迁

社会变迁会反映在生活中的方方面面,包括政治、宗教、生活习俗、文化、语言等。如城市化的进程导致经济收入与负担失衡,独生子女导致家庭人口结构变化,带来的心理落差无法短时间内适应。

（2）社会压力

社会压力的来源有很多方面，经济、家庭、精神、职场、生活、情感等，都可能导致现代人们的心理、精神疾病愈发普遍。

（3）社会支持系统

除了家庭成员之外的亲戚、朋友等社会网络。

如何治疗

抑郁障碍的治疗目标在于尽可能早期诊断，及时规范治疗，控制症状，提高临床治愈率，最大限度减少病残率和自杀率，防止复燃及复发。成功治疗的关键需要彻底消除临床症状，减少复发风险；提高生存质量，恢复社会功能，达到真正的临床治愈。抑郁障碍的治疗包括：药物治疗、心理治疗和物理治疗。

1. 药物治疗：抗抑郁药是当前治疗各种抑郁障碍的主要药物，主要有舍曲林、西酞普兰、氟西汀、度洛西汀、文拉法辛等。

2. 心理治疗：对于抑郁障碍患者可采用的种类较多，主要有：支持性心理治疗、动力学心理治疗、认知行为治疗、行为治疗、人际心理治疗、婚姻和家庭治疗等。心理治疗的作用包括：①减轻和缓解心理社会应激源相关的抑郁症状；②改善正在接受抗抑郁药治疗患者对服药的依从性；③矫正抑郁障碍继发的各种不良心理社会性后果，如婚姻不睦、自卑绝望、退缩回避等；④最大限度地使患者达到心理社会功能和职业功能的康复；⑤协同抗抑郁药维持治疗，预防抑郁障碍的复发。

3. 抑郁障碍物理治疗：包括改良电抽搐治疗（MECT），大量的临床研究和观察证实 MECT 是一种非常有效的对症治疗方法，它能使病情迅速得到缓解，有效率可高达 70%-90%。重复经颅磁刺激治疗（transcranial magnetic stimulation, TMS）是一种无创的电生理技术，能对抑郁的神经递质系统产生有效影响。临床上尚不能推荐以 rTMS 替代电抽搐治疗，但是在不良反应方面，rTMS 不会像电抽搐治疗那样影响患者的记忆功能，因此安全性更高。

如何预防

抑郁症是一种易复发的精神疾病，危害性大，并且每次复发症状可能越来越严重，治疗的难度也越来越大，需要的维持治疗时间也会更长。那么如何预防抑郁症的复发？

1. 坚持维持治疗

抑郁症首次发病后的再发率为 50%-60%，再发后第二次发病率 70%-80%，而经历了第三次病，以后复发率超过

90%。如果过早停药,复发的概率会大大提高。因此,应遵医嘱,维持治疗。

2. 及早知道抑郁症复发的征兆

患者在首次发作之后会特别担心自己会再次发作,这时候要及早地识别抑郁症复发的先兆。

一般抑郁症复发的征兆有:精力下降、易疲劳,脾气暴躁易怒;不愿意出门参加活动、生活懒散,对所有事情都漫不经心,不思进取;思维和动作开始迟钝和缓慢;自卑感、自罪感、自责感严重;记忆力减退,常丢三落四;对任何事情都没兴趣;总觉得自己的生命没有价值和意义;偶尔出现自杀的念头。

3. 保持好的生活规律作息

保证充足的睡眠,合理、均衡饮食,保障全面的营养,增强体质这是对自己的身体提供强有力的支持。另外,在情绪低落时避免使用咖啡因、酒精、香烟等物质。

4. 定期复诊

患者要在医生的指导下坚持复诊,一般情况下维持治疗的第一年应该每1-3个月复诊一次,以后每半年到一年复诊一次。如果出现个别服药不依从,或出现明显的副作用,要随时复诊。

5. 坚持做一些有氧运动

游泳、慢跑、骑车等有氧运动可以刺激脑内神经递质的分泌，产生令人愉悦的物质，而使人感到快乐，在这一系列的活动过程中不仅是增强体质，还可以促进与外界的交流。

6. 扩大社交圈子

抑郁症会让人感到孤独，一个人大部分时间总是独处可能会造成抑郁的复发，多交一些朋友，平时要多与人沟通交流，把自己的压力和不愉快都通过交流释放出来。

7. 保持良好的心理状态

人的情绪像一条波浪线总是时起时落，情绪波动时不要过分解读，学会稳定自己的情绪。

8. 参加一些自助组织活动

参加一些抑郁症反复发作，有同样痛苦经历的人组织的集体活动。大家交流经验，并且患者在治愈之后也可以帮助别人，这对预防抑郁症的复发有着积极的作用。

9. 培养兴趣爱好

借助多种方式调节释放自己，拓宽自己的爱好，丰富自己的兴趣，尽量不让负面的情绪占领你的思维。

第三节
双相情感障碍

王总的"另一面"

销售部的王总最近好像换了个人。以前他上班总是第一个到,说话充满激情,侃侃而谈,销售部也在王总的带领下成绩斐然。但最近1个月王总经常迟到,人像丢了魂一样,开会发言时走神,衣着也变得不修边幅。有时候跟同事讨论问题会突然发脾气,还会说一些"丧气话"。公司的人事处联系到王总的家人,告诉他们王总可能生病了。

什么是双相情感障碍

双相情感障碍是指既有躁狂或轻躁狂发作,又有抑郁发作的一类心境障碍。躁狂发作时,表现为情感高涨、自我感觉良好、思维活跃、活动增多;而抑郁发作时则出现情绪低落、兴趣精神减退、思维缓慢、活动减少等症状。双相情感障碍一般呈发作性病程，每次发作症状往往持续相当长的一段时间（通常确定为：躁狂发作持续一周以上，抑郁发作持续两周以上），并对患者的日常生活及社会功能等产生不利的影响。与抑郁障碍相比，双相情感障碍的临床表现更复杂，治疗更困难，自杀风险更大。王总就是典型的双相情感障碍患者，既往的症状以轻躁狂发作为主，因轻躁狂发作时，患者往往头脑更加清晰，精力更加旺盛，工作更有激情而被患者及周围亲友认为是患者"上进、热情"的表现而忽略。但本次王总表现为抑郁发作，生活工作状态与平日大相径庭，终于在其抑郁发展到严重阶段时被发现送诊。

双相情感障碍并不少见，根据 Merikangas 2007 年美国双相情感障碍流行病学调查，该疾病的年患病率在 2% 左右。而且双相障碍会带来严重的疾病负担，其中就包括自杀。众所周知，抑郁障碍是与自杀关系最为密切的精神疾患，自杀者中约 60% 可诊断为抑郁障碍。而相关研究显示，双相情感障碍患者出现自杀意念的比例远高于单相抑郁障碍，并发现双相障碍患者的自杀行为更具有冲动性特点。

如何知道自己患了"双相情感障碍"

"双相障碍"的病因尚不明确，研究发现生物、心理与社会环境诸多方面因素参与疾病的过程。生物学因素主要涉及遗传、神经生化、神经内分泌、神经再生等方面；应激性生活事件是重要的社会心理因素。然而，以上这些因素并不是单独起作用的，目前强调遗传与环境或应激因素之间的交互作用，以及这种交互作用的出现时点在双相障碍发生过程中具有重要的影响。但这并不说明它不能被发现，双相障碍还是有迹可循的。

"双相障碍"的临床表现按照发作特点可以分为抑郁发作、躁狂发作或混合发作。

1. 抑郁发作：双相障碍—抑郁发作与单相抑郁发作的临床症状及生物学特点异常相似而难以区分，但与单相抑郁相比，双相抑郁起病较急，病程较短，反复发作较频繁，并且双相障碍-抑郁发作时，患者的情绪更加不稳定，容易出现易激惹、精神运动性激越、更多的自杀观念等。

2. 躁狂发作：在双相情感障碍的病程中，肯定会出现躁狂发作，表现为：

（1）自我感觉良好，整天兴高采烈，笑逐颜开，情绪具有感染力，并且精力旺盛，常常工作到很晚但第二天仍精力充沛。有的患者尽管心境高涨，情绪不稳，常常为小事发怒，但又立刻转怒为喜或马上赔礼道歉。

（2）思维奔逸，反应敏捷，思潮汹涌，有很多计划和目标，感到自己舌头在和思想赛跑，言语跟不上思维的速度，言语增多，滔滔不绝，口若悬河，手舞足蹈，眉飞色舞，即使口干舌燥，声音嘶哑，仍要讲个不停，信口开河，内容不切实际，经常转换主题；目空一切，自命不凡，盛气凌人，不可一世。

（3）活动增多，精力旺盛，不知疲倦，兴趣广泛，动作迅速，忙忙碌碌，爱管闲事，但往往虎头蛇尾，一事无成，随心所欲，不计后果，常挥霍无度，慷慨大方，为了吸引眼球过度修饰自己，哗众取宠，专横跋扈，好为人师，喜欢对别人颐指气使，举止轻浮，常出入娱乐场所，招蜂引蝶。

（4）躯体症状，面色红润，双眼炯炯有神，心率加快，瞳孔扩大。睡眠需要减少，入睡困难，早醒，睡眠节律紊乱；食欲亢进，暴饮暴食，或因过于忙碌而进食不规则，加上过度消耗引起体重下降；对异性的兴趣增加，性欲亢进，性生活无节制。

（5）其他症状，注意力不能集中持久，容易受外界环境的影响而转移；记忆力增强，紊乱多变；发作极为严重时，患者极度兴奋躁动，可有短暂、片段的幻听，行为紊乱而毫无目的指向，伴有冲动行为；也可出现意识障碍，有错觉、幻觉及思维不连贯等症状，称为谵妄性躁狂。多数患者在疾病的早期即丧失自知力。

（6）轻躁狂发作，躁狂发作临床表现较轻者称为轻躁狂，患者可存在持续至少数天的心境高涨、精力充沛、活动增多、有显著的自我感觉良好，注意力不集中，也不能持久，轻度挥霍，社交活动增多，性欲增强，睡眠需要减少。有时表现为易激惹，自负自傲，行为较莽撞，但不伴有幻觉、妄想等精神病性症状。对患者社会功能有轻度的影响,部分患者有时达不到影响社会功能的程度。一般人常不易觉察。

3. 混合发作:指躁狂症状和抑郁症状在一次发作中同时出现,临床上较为少见。通常是在躁狂与抑郁快速转相时发生。例如,一个躁狂发作的患者突然转为抑郁,几小时后又再复躁狂,使人得到"混合"的印象。但这种混合状态一般持续时间较短,多数较快转入躁狂相或抑郁相。混合发作时躁狂症状和抑郁症状均不典型,易被误诊为分裂情感性障碍或精神分裂症。

如何应对"双相情感障碍"

如果像文章中的王总一样患上了"双相情感障碍-抑郁发作",立即到医院的精神科就诊是最好的选择。从1882年"双相情感障碍"被命名到今天,医学治疗双相情感障碍已有百余年的历史。

1. 治疗原则:

(1)个体化治疗原则需要考虑患者性别、年龄、主要症状、躯体情况、是否合并使用药物、首发或复发、既往治疗史等多方面因素,选择合适的药物,从较低剂量起始,根据患者反应滴定。治疗过程中需要密切观察治疗反应、不良反应以及可能出现的药物相互作用等以及时调整,提高患者的耐受性和依从性。

（2）综合治疗原则应采取药物治疗、物理治疗、心理治疗和危机干预等措施的综合运用，提高疗效，改善依从性，预防复发和自杀，改善社会功能和生活质量。

（3）长期治疗原则由于双相障碍几乎终身以循环方式反复发作，其发作的频率远较抑郁障碍为高，因此应坚持长期治疗原则。急性期治疗目的是控制症状、缩短病程；巩固期治疗目的是防止症状复燃、促使社会功能的恢复；维持期治疗目的在于防止复发、维持良好社会功能，提高生活质量。

2.药物治疗：

最主要的治疗药物是抗躁狂药碳酸锂和抗癫痫药（丙戊酸盐、卡马西平、拉莫三嗪等），它们又被称为心境稳定剂。对于有明显兴奋躁动的患者，可以合并抗精神病药物，包括经典抗精神病药氟哌啶醇、氯丙嗪和非典型抗精神病药奥氮平、喹硫平、利培酮、齐拉西酮、阿立哌唑等。严重的患者可以合并改良电抽搐治疗。对于难治性患者，可以考虑氯氮平合并碳酸锂治疗。治疗中需要注意药物不良反应和相互作用。对于双相抑郁患者，原则上不主张使用抗抑郁药物，因其容易诱发躁狂发作、快速循环发作或导致抑郁症状慢性化，对于抑郁发作比较严重甚至伴有明显消极行为者，抑郁发作在整个病程中占据绝大多数者以及伴有严重焦虑、强迫症状者，可以考虑在心境稳定剂足量治疗的基础上，短期合并应用抗抑郁药，一旦上述症状缓解，应尽早减少或停用抗抑郁药。

3. 物理治疗：

急性重症躁狂发作、伴有严重消极的双相抑郁发作或难治性双相障碍可采用改良电抽搐（MECT）治疗，但应适当减少药物剂量。对于轻中度的双相抑郁发作可考虑重复经颅磁刺激（rTMS）治疗。

4. 危机干预：

面对处于创伤被激活期的患者，应该做的是安抚，避免与其争吵。目前我国这类精神疾病患者的比例较高，应该鼓励他们尽可能参与社交活动，他们需要更加友善的环境。

预 防

随访研究发现，经药物治疗已康复的患者在停药后的1年内复发率较高，且双相障碍的复发率明显高于单相抑郁障碍，分别为40%和30%。服用锂盐预防性治疗，可有效防止躁狂或抑郁的复发。心理治疗和社会支持系统对预防本病复发也有非常重要的作用，应尽可能解除或减轻患者过重的心理负担和压力，帮助患者解决生活和工作中的实际困难及问题，提高患者应对能力，并积极为其创造良好的环境，以防复发。

第四节
隐匿性抑郁

无法控制的"病痛"

年近六十的王阿姨很不开心,明明自己就是心慌、头痛、吃不下饭,为什么家庭医生要介绍自己去精神心理科看病呢?想想那些"脑子瓦特"的人,自己和他们怎么能一样呢?

想想自己这几年,50岁后就逐渐月经不规律、潮热、心情不好,大家都说是更年期,自己也没太往心里去,可怎么更了快十年还没更完呢?也不记得什么时候开始,反反复复的心慌、胸闷,有时也会头痛、腿软。心脏、腰腿能查的都查了,也没查出毛病在哪?邻居阿婆推荐的老中医也看了,中药也吃了不少,病根还是去不掉。这几年基本都是在到处看病、打听偏方、试用各种保健品,往往刚开始有点用,没过两天就没效了。

王阿姨觉得一定是自己多年劳累落下的病根太深,所以现在才这么难治,也觉得因为自己精力全耗在看病上,平时也没心情约小姐妹出去旅游、逛公园，家务也不想做。至于吃饭睡觉，身上不舒服哪里还能吃得下睡得着呢。想想自己全身都是病，来来回回跑了这么多的医院，吃了这么多药一点不见好，唉，真的是年纪大了身体越来越不行了，自己肯定好不了了，没几天活头了。家里人之前还能陪着去看看病，现在也逐渐不耐烦，觉得她没病就是闲的。每次一想到这些，王阿姨的心情就愈发差了，有时也会独自抹眼泪。现在倒好，家庭医生也不想管自己，居然还要把自己当成"神经病"，这日子还有什么意思啊。

其实王阿姨这种情况不在少数，家庭医生建议去精神心理科就诊也是有原因的，从表现上来看，王阿姨很可能是患了"隐匿性抑郁"。

随着媒体的宣传，人们对于"抑郁症"这个名词已经不再陌生，很多人都知道抑郁症是"高兴不起来""对什么都没兴趣""没法做事情"等为主要表现的一种精神疾病。但应该注意的是，并非所有的抑郁症患者都有典型而明显的情绪症状，不少抑郁症患者的情绪症状被大量的躯体症状所掩盖。

有的患者主要表现为头痛、头晕、胸闷、气短、四肢麻木等躯体不适，在抑郁症明确诊断之前，四处求医，进行各种检查，始终得不到明确的诊治，患者通过躯体化的心理防御机制，把自己的负性情感体验"等位"转换为躯体症状。由于实验室检查多阴性指标，患者便归咎于自己的病严重、复杂。疗效不明显又加强了上述认识。这种强化了的疑病观念和沉重的心理负担进一步表现为躯体症状的加重，如此形成恶性循环，使疾病迁延难愈。1969 年 Wacher 以"隐匿性抑郁症（masked depression）"命名这一类型的抑郁症。

此疾病临床表现多种多样，如头晕、头痛、失眠、疲乏无力、胸闷心慌、食欲不振、腰背酸痛、恶心呕吐等。常伴有疑病症状，患者多认为自己有某种器质性疾病，反复进行多种检查，大多数无明显异常发现。即使医生主动询问，有的患者仍否认存在抑郁心境，把情绪变化归罪于失眠、疲劳及躯体不适。抑郁症患者容易把情绪问题隐藏在躯体症状背后，这与多种社会心理因素相关，如不愉快的生活事件、心理冲突、情绪表达方式不良等，但患者可能会弱化这方面的原因或者不愿加以探讨。

我们可以尝试从情绪表达的模型来理解：通常，情绪可以通过心理层面和生理层面来表达，心理层面的表达主要是通过言语、表情、行为、动作等方式将情绪表达出来；生理表达是以身体感受为主，比如心慌、肌肉紧张、呼吸急促、疼痛、头晕、发冷发热等。这些患者往往难以识别情绪或者长期过分的压抑负性情绪，心理表达不足，身体表达代偿性的增加，身体成了患者情绪表达的主要载体，由此出现各种身体不适。

这种以持久的多种多样的躯体症状来体验和表达精神不适的现象就是"躯体化"。由于传统的医学模式影响，使患者更习惯于仅向医生陈述身体症状,希望帮助解决身体不适;当前社会文化环境中,述说情绪烦恼常常得不到倾听和支持,甚至被视为软弱无能,躯体不适的表达更能得到同情和理解,从而使患者"发明"大量的躯体化症状以达到"继发性获益"。有些人群习惯于压抑情感,过多的压抑会导致恐惧、妒忌、自卑等各种神经症的负性情绪,这种负性情绪使患者容易产生躯体化症状。所以普遍认为躯体化症状是患者对付心理、社会各方面困难处境及满足自身需要的一种应对方式。

上述述情障碍的个体常常无法识别情感,无法将躯体唤醒的感觉与内在体验的感受相区分,无法交流情感,缺乏想象力和外向性思维。他们往往难以表达心理冲突,常把精神痛苦表现为躯体不适。除了情绪的识别与加工缺陷,对情感的感受力低,述情障碍者存在许多不良的情绪调节方式,这都使得述情障碍者过分关注伴随情绪唤醒的躯体感觉,并放大躯体感觉,使得不良情绪体验持续时间长,并且把心理问题躯体化。述情障碍的严重程度与抑郁情绪的严重程度相关,存在述情障碍的患者具有更多的躯体化症状。同时,述情障碍也会影响个体对情绪的有效调节,使个体容易患上高血压、糖尿病、功能性胃肠紊乱等心身疾病,并影响各种疾病的疗效。

那王阿姨现在应该要怎么办呢?

首先必须认识到,治疗是一个长期过程,无法"一蹴而就"。我们的治疗目标是改善情绪,减少躯体不适,减少不必要的就医、检查及治疗,减少对生活、工作等的影响。

其次,在生活中,学着识别、体验及描述自己的情绪,及时向自己、家人及朋友倾诉,学着通过行为表达情绪,比如运动、唱歌、哭泣等,或者也可以通过书法、绘画、写日记、手工制作等文学艺术方式表达。

再次,要逐步丰富生活,外出参加集体活动,寻找兴趣爱好,转移注意力,主动创造积极情绪,获取生活乐趣,减轻对身体的关注,激发对生活的热爱和向往。

同时家人也需要理解,虽然他们没有查出明确的躯体疾病,但那种不适感是真实的,甚至比躯体疾病的不适感更强烈和持久,这种感受是非常痛苦的,并不是"装病""矫情"。因此,要理解患者的心境,并给予充分的共情,多倾听,少争辩,少说教,给予情感上的支持和安慰。此类患者情绪低落时可能存在自责自罪的心理和轻生念头,应密切关注情绪变化,提高警惕,必要时积极寻求医疗援助。

由于本病与社会心理因素关系密切,目前国内心理科、精神科以综合治疗为主,如抗抑郁药联合认知行为治疗、中西药结合治疗、中成药联合心理支持等不同的方法。在心理治疗方面多使用如下方法:

1.认知行为疗法(CBT)核心是认知行为模型,认为人的情绪和行为与对事物的看法(认知)密切相关,治疗师通过对患者的不良认知和非客观的思维模式提出积极、替代性的解释，引导患者重新认识躯体症状，把注意的焦点转移到情绪困扰、心理社会压力以及环境因素上来。通过改变对症状的认识，缓解压力、积极应对面临的困扰，减轻抑郁情绪、缓解症状，减少复发。例如，让患者在感受被充分理解和接纳的同时，应用"再归因"技术帮助患者对其心理冲突和躯体症状进行连接，改变对症状的归因。

2. 团体心理治疗指为了某些共同目的将多个当事人集中起来加以治疗的心理治疗方法，相对于个别心理治疗，团体心理治疗为躯体症状的患者营造了和谐良好的社会支持环境，在人际互动中通过社交技巧训练、运用理性情绪疗法澄清非理性认知等活动，提升了成员被支持、理解的情感体验和满意程度，缓解抑郁症状，同时增加如何提高患者在"识别""描述"情感方面能力的内容，更有助于克服述情障碍，表达出心理及生理的不适，释放自己的焦虑及抑郁情绪，从而有效缓解抑郁症状或躯体症状。

3. 精神分析性心理治疗精神分析理论认为症状是患者躯体与心灵的连接桥梁。无意识地将欲望和冲突转化为躯体症状可以帮助减轻患者内心的痛苦，同时也可引起他人的关注和同情，得到家人和有关方面更多的照顾。精神分析性心理治疗通过探索躯体症状及述情障碍与早期生活经历（包括家庭内部的情绪表达规则在内）的关系，处理潜意识中的冲突，而达到缓解情绪，减轻躯体症状的目的。

其实，躯体症状、患病行为都是展现的表象，背后的推动力，必然来自精神生活。相信在家人和医务工作者们的帮助下，王阿姨们有能力改变自己的精神状态，通过积极的行动摆脱躯体症状，收获更美好的生活。

后 记

抑郁症是一种复杂的多维度、异质性精神障碍疾病，它不仅是一种生物学疾病，还是一种社会疾病。如果得不到及时发现和有效治疗，不仅严重影响患者本人的身体功能，同时还严重影响患者的家庭功能和社会功能。因此，抑郁症的早发现、早就诊、早治疗尤为重要。《健康中国行动（2019—2030年）》披露，青少年、孕产妇、老年人、高压职业人，已成为抑郁症的高发人群。国家卫生健康委在2020年9月发布的《探索抑郁症防治特色服务工作方案》中，提出了明确的防控目标：到2022年，公众对抑郁症防治知识的知晓率达80%，学生对防治知识知晓率达85%。

新冠疫情发生以来，全球新增超过7000万抑郁症患者，9000万焦虑症患者，数亿人出现失眠障碍问题。世界卫生组织发布的《世界精神卫生报告》显示，仅在大流行的第一年，全球焦虑症和抑郁症的发病率增加了25%以上，然而，据统计，全球将近3.5亿抑郁症患者，接受正规治疗的抑郁症患者却不到10%。

无论年轻或年老、富有或贫穷、男性或女性，在生命的全周期，任何人都有罹患抑郁症的可能。有人说抑郁症是一场"心灵感冒"，正如同感冒，抑郁症是可以预防的，即使得了抑郁症，经过正规治疗也是可以痊愈的。但由于精神卫生知识的匮乏，大众对抑郁症防治知识认识不足。一部分人对抑郁症带有病耻感，认为患上这些疾病是一件羞耻的事情，不愿就医；另一部分人简单地认为抑郁症只是一时的情绪问题，甚至是"无病呻吟"，不用管，自己就会好。无论哪一种想法，都会延误患者治疗，并有可能带来极其严重的后果。

如果每个人都能认识到抑郁症不仅是心理问题，还是大脑神经递质问题，就会明白抑郁症需要尽早识别，尽早就医，尽早诊断，尽早接受规范化治疗，这也是我们编撰这本科普读物的初衷。我们通过引用相关抑郁症患者的典型案例，用简洁通俗、深入浅出的语言介绍了从儿童、青少年、成人、更年期到老年各个生命周期内常见心理问题、病因以及诊疗手段，帮助大众深入、正确地认识抑郁症，排除偏见和误解，给予抑郁症患者更多的理解和支持。

一个人的心理状态决定了这个人身体的健康，有一个健康的心态能够为健康助力，提高机体的抗病能力，无论你处于哪个年龄阶段,良好的心理状态是健康的根本。心理健康需全社会共同关注,在此,我们呼吁更多的人关注健康,关爱抑郁人群,帮助更多的抑郁症患者早日得到科学医治。

2023年1月